I0462661

ECONOMÍA INTEGRADA: TEORÍA Y SISTEMA.

LA ECONOMÍA QUE VIENE.

JOSÉ MARTÍNEZ CUERVO.

Dedicado a mis padres, a mi compañera, mis hijos y a mi hermana mayor, por todo lo que significan en mi vida.

Con agradecimiento infinito a mis amigos de vida y a mis compañeros de trabajo que juntos pretendemos ser productivos para la vida de los demás no tan solo en nuestra labor cotidiana. A mis amigos normalistas con los cuales hicimos el pacto silencioso de trascender en todos los ámbitos de la vida.

Y ante todo con agradecimiento al creador de todo lo existente por la oportunidad de ser y de hacer.

Todo problema y todos los problemas tienen solución… menos la muerte.

Donde los hombres comunes ven problemas… los visionarios ven oportunidades.

Los problemas son cosas de los hombres, los misterios son cosas del Creador y del Universo. Los hombres crean los problemas… los hombres tienen que resolverlos.

La inteligencia es la capacidad para resolver problemas… el hombre debe demostrar su inteligencia para arreglar lo que ha desarreglado."

Contenido

EL POR QUE Y EL PARA QUE DE ESTA OBRA.

Mi vida ha valido la pena solo si ha sido útil a ella misma; **si en algo he contribuido a estar dentro de su equilibrio,** su estudio y su conservación. Pretender enriquecerla ya no está a nuestro alcance, porque en si es perfecta en todo y, a todas sus formas les da una razón de ser".

El alcance de esta obra y de esta teoría no puedo saberlo pero si imaginarlo, ya que Yo siempre pienso en lo que puede pasar y siempre hay dos opciones claras.

Su alcance y recepción no depende ya de mí, solo alcanzo a visualizar sus posibilidades de utilidad para interpretar la economía en su función explicativa de una manera diferente y, la intención directa de mejorar la actividad económica en su función practica y aplicada.

Y sobre todo de lograr la plena integración y desarrollo económico junto de la plena realización humana global

Me hubiera gustado descubrir o inventar algún medicamento o tratamiento para prevenir o curar alguna enfermedad, o hacer algún gran descubrimiento científico para beneficio de la humanidad; pero hasta ahora esa no ha sido mi función o mi destino.

Veo en este enfoque una extraordinaria oportunidad de mi parte de aportar algo grande y trascendente para la humanidad.

Algo que cambiara toda la concepción del mundo y de la vida tal como la conocemos, vemos y palpamos.

Es mi aportación a la vida y al mundo para tener una mejor vida y un mejor mundo.

Esta obra forma parte de una serie de tres obras en total.

No tengo palabras para decir lo que se puede generar a partir de este análisis, de esta propuesta y de este enfoque teórico para la humanidad.

Con pronósticos reservados moderados solo espero que tenga oportunidad de conocerse en primera instancia porque tengo confianza en mí y en mi trabajo.

Quisiera ver la cara y el cerebro de los lectores desde el momento que lean el primer párrafo. Y luego verlo al término de un capitulo o de todo el libro. Solo me imagino que pueden pensar y/o decir: esto es una locura, un sueño o una utopía o bien decir, esto es posible y viable, es mejor que todo lo que ha existido en esta área, o es una opción.

Un cambio de concepción donde un sistema de paradigmas queda atrás y, se abre la posibilidad de reinterpretar y readaptar todo a la realidad a partir del cambio de concepción económica, a una nueva forma de ser y hacer las cosas y entender el funcionamiento de las actividades productivas.

Veo en mi país como creo debe de suceder en otros países con características económicas similares a este, que los individuos de la clase baja sin preparación y a los profesionistas recién egresados, ambos desempleados esperanzados en lo que hará el gobierno por ellos y por el pueblo en general para generar trabajo de forma directa o indirecta con la iniciativa privada.

Sin tomar en cuenta esos dos grupos de individuos lo que pueden hacer como comunidad organizada económicamente productiva.

El presente trabajo es mi aportación al ámbito social y económico como una perspectiva o visión personal surgida de mi análisis de los distintos sistemas y modelos económicos a través de la historia, sus características, propósitos, logros y consecuencias. Y de mis experiencias personales como agente económico consumidos más que nada. Con la intención clara de aportar un granito de arena a la macroeconomía global que irremediablemente determina los caminos de los destinos de los países y de las empresas.

Y tratando de ir más atrás de la visión únicamente económica, en una visión más general y profunda para tratar de explicar y entender la complejidad económica de una forma más profunda y con una función específica en la cultura, en la historia y en el devenir.

Entendiendo al ser humano como un ser social y económico por naturaleza que cada vez tiene que replantearse de un modo más actual como todas las circunstancias delos contextos, su participación como elemento que requiere satisfacer necesidades que tiene que adquirir en forma de mercancías, que genera aun como consumidor desechos que producen más mercancías y, que tiene que ser parte de un sistema, modelo y plan económico global que tome en cuenta la generación actual, las futuras, el equilibrio biológico, ecológico, demográfico, político y social en general de todas las naciones.

Ya que la macroeconomía aparentemente es y puede ser estudiada y controlada, la verdad es que cada vez se vuelve menos controlable porque son muchos los factores nuevos y complejos que el propio dinamismo económico y de la ciencia y la tecnología generan a un ritmo exponencial con lo cual los sistemas y modelos económicos se tienen que renovar y actualizar de acuerdo a estos nuevos eventos para darle un orden, cohesión, estructura y prever de alguna manera las consecuencias de los procesos y actividades económicas globalizadas.

Los sistemas y modelos que antes funcionaron ya no funcionan con la misma efectividad porque son otras condiciones muy complejas ya que actualmente la ciencia y tecnología ha llegado a un nivel extraordinario de crecimiento y desarrollo en comparación con las anteriores etapas históricas por causas que tienen que ver con la democracia principalmente, la libertad para ser y hacer como motor del desarrollo de la especie humana.

Las aportaciones hacia nuevas explicaciones y formas de organización macroeconómica deben ser clave para los foros y cumbres mundiales, para la organización de las actividades de una manera científica, que prevea todos los factores y formas delos tiempos pasados, presentes y futuros.

UNA VISION GENERAL Y PROFUNDA DE LA ECONOMIA.

El hombre es el único ser vivo que produce sus propios satisfactores: bienes y servicios como comunidad y, por lo tanto solo a nivel humano existe la actividad económica.

Porque solo con la existencia de la economía como actividad comunitaria es posible la vida del género humano.

Dentro de la economía integrada se considera a la economía como una actividad vital que tiene que ser parte de todo el conjunto de la actividad social y también una actividad con sentido y bases filosóficas y, no como un aspecto aislado o dominante de las demás actividades.

Aquí a diferencia del sistema actual que busca la plusvalía y la producción y reproducción del capital individual y de grupos privados; en la economía integrada se busca la plena satisfacción de las necesidades de todos los individuos de toda la comunidad y de todas las comunidades del mundo.

Tomando como aspecto esencial la idea de que es más importante el desarrollo Integral del individuo y de la comunidad, que solo el desarrollo económico y, que el individuo no requiere de la acumulación del capital como una forma de presencia existencial, como una forma de extensión de su ser, como una posesión o ego, porque esta ambición creada de acumulación es lo que ha desatado el reparto desigual de la riqueza económica entre los individuos, comunidades y naciones y todos los problemas humanos.

Es una visión y un enfoque general de la economía porque toma en cuenta los grandes aspectos y los aspectos completos de la vida humana en relación con los aspectos de la naturaleza. Porque todo se busque o no sigue las leyes perfectas y eternas del universo evidenciadas por la ciencia.

Nada aunque se quiera conscientemente puede escapar o quedar fuera de este orden universal y por lo tanto la actividad económica tiene que entenderse y realizarse como un aspecto o elemento del gran sistema humano y este dentro del gran sistema universal.

Y la economía modificando la materia de la naturaleza a favor de la vida humana tiene que verse como una parte que debe cuidar ese equilibrio de la naturaleza y sus ecosistemas y al mismo tiempo posibilitar el desarrollo planeado del género humano y la satisfacción de todas las necesidades de la raza humana.

Y en este engranaje y correlación de la actividad económica con el todo social, natural y universal, es la economía la pieza que motiva y representa el cambio y la representación del funcionamiento colectivo.

A través de la economía se produce la riqueza social, la posibilidad real de la existencia humana y su desarrollo y evolución en todos los campos de su organización. La economía es la chispa de la vida humana, su motor de movimiento y su fábrica de posibilidades de avance en todos los sentidos, y es una visión profunda que tiene sentido claro y ordenado porque reúne y tiene respuestas a todas las interrogantes de interrelación con todos los aspectos de la vida del hombre y del universo.

Con una base filosófica la actividad económica es un conjunto de actos prácticos que provienen de un modo de ver y entender no solo a la vida humana sino al universo en general. Entendiendo a la economía como la ejecución del pensamiento racional y unificado sobre el universo y el hombre en pro de la producción de satisfactores humanos.

La economía vista así como una actividad manifiesta e inteligente que tiene raíces que nutren todo el sentido de lo conocido significa el producto del conocimiento y la sabiduría humana al más alto nivel de la inteligencia positiva y aquí entendemos a la inteligencia como la capacidad para resolver problemas en general del tipo que sean.

Por lo cual la economía no es un simple trabajo, una mercancía, un bien o un servicio sino es la expresión practica de todo un proceso filosófico, social, cognoscitivo, integrador y consensado de la vida del hombre en relación a sus necesidades y a las leyes universales del funcionamiento del todo ordenado.

Y así la economía se concibe y debe de concebirse siempre en términos de orden, satisfacción y riqueza como un fenómeno y una actividad de beneficio individual y colectivo, como una actividad creadora, una actividad de posibilidades ilimitadas de creación y de expresión del individuo que la ejecuta en relación a lo que le genera en lo básico y en lo que le puede generar en las necesidades de realización y expresión de su existencia y de su respuesta al agradecimiento por la vida y por la oportunidad de participación en la comunidad y en la vida con algo propio y diferente, que exprese y lleve la esencia del ser que la realiza.

De esta forma la actividad económica tiene todas las bases y principios tanto filosóficos como sociales para valorarse y revalorarse tanto individual como colectivamente como sinónimo de armonización del individuo en relación con la comunidad y con el mundo, con lo material y vital, con lo ideal y profundo, con la naturaleza y con el universo, con lo mediato y lo inmediato, con lo ordenado y perfecto del todo existente.

Y los individuos y las comunidades pueden y deben sentirse plenos en la participación de sus capacidades plenas en el desarrollo de la economía en la parte y proporción que les corresponda.

DIAGNOSTICO DE LA ECONOMIA GLOBAL ACTUAL.

Hasta el día de hoy el mundo ha funcionado o se ha organizado en el ámbito económico de una forma desintegrada y solo considerando la visión económica y pocas veces la importancia de las demás disciplinas científicas como las de las ciencias de la naturaleza que nos muestran los equilibrios de las leyes superiores al ser humano, un trabajo lo más amplio posible con un sentido ordenado y claro que se pueda controlar o ir regulando.

Esto porque ha faltado y falta el sentido de identidad como género igualitario y no como competidores. Y por la carencia de este elemento no se contempla o acepta, o si se acepta se ignora la nueva propuesta, que indica que los sistemas y modelos que han existido hasta la actualidad ya están agotados porque estaban hechos dentro de una ideología limitada o relativa para un determinado contexto muy controlado con factores y recursos controlables dentro de fronteras bien definidas.

Los últimos sistemas y modos de producción ya no son efectivos de la manera que lo fueron en determinado contexto en el qué y para el que fueron instrumentados, su funcionamiento y funcionalidad depende ahora de la forma en que se articulen entre sí y con otra nueva propuesta viable como la que presento: la economía social dentro de la economía integrada.

La comunidad humana está al borde de una grave crisis que se está iniciando en los sistemas y modelos económicos y que después afectara todos los demás ámbitos. Las formas inventadas para organizar y desarrollar las actividades humanas están agotadas, o al menos las que habían funcionado y las que se siguen tercamente imponiendo, sin entender que la ley suprema de la naturaleza de la cual forma parte el ser humano es la evolución o el cambio permanente.

La falta de coordinación entre los líderes mundiales provoca poco a poco que toda la economía mundial se contraiga y colapse, porque no es científicamente posible tomando en cuenta el equilibrio biológico y ecológico aplicado a la economía que haya más gasto que recursos, más demanda que oferta por una parte refiriéndonos al aumento de la cantidad de población que existe por el aumento también y mejoramiento de la calidad de vida y el promedio de vida, junto con el desarrollo y ascenso de los individuos y naciones en la movilidad vertical de nivel de riqueza, la existencia de más competidores, la disminución de recursos naturales o de materia prima en bienes de consumo perecedero.

La economía mundial como una empresa llego a su límite en la forma conocida, en cuanto a capacidad productiva en relación a acuerdos de mercancías tradicionales, al comercio, al consumo y a la obtención de materias sin contar con los efectos al medio ambiente. La implosión de la economía se está dando como un átomo que ya no puede soportar más demanda o presión. Y la participación de los grupos económicos, los gobiernos nacionales, las instituciones económicas internacionales, las instituciones académicas es indispensable para analizar de manera completa e interdisciplinaria a la economía global y crear un nuevo sistema coordinado entre todas las naciones de lo contrario vendrán consecuencias desde falta de materias, desorden financiero mundial, conflictos económicos, crisis alimentarias, acumulación inútil y pasiva de capitales y hasta guerras.

La comunidad humana actual es una organización multifactorial que tiene que funcionar sincronizadamente para poder existir y desarrollarse, a base de la ciencia y la tecnología, no a nivel nacional sino a nivel global. Y entenderemos por global a la comunidad mundial pensada como un solo grupo de individuos con necesidades e intereses comunes y semejantes que para poder sobrevivir, convivir, crecer y desarrollarse tienen que coordinarse como lo hace la naturaleza con todas las especies en sus diferentes equilibrios y formas de agrupación.

Los actuales grupos o súper grupos económicos dominantes de la actividad productiva y económica en general bajo la forma de los organismos financieros internacionales y los gobiernos de las naciones desarrolladas o bloques económicos como Estados Unidos, Canadá, Unión Europea, China, Japón y Corea del Sur han llegado a un punto donde sus intereses ya no tienen espacio o lugar porque el mercado global se ha desarrollado, ha llegado a límites de poder adquisitivo, donde solo la clase media alta y alta es capaz de generar plusvalía recuperativa a esos grupos para seguir desarrollando productos tecnológicos innovadores, es decir para reinvertir la plusvalía.

Y las economías de las naciones subdesarrolladas solo es considerada en este sistema como proveedoras de materias, de mano de obra barata y como mercado cautivo de consumo, a través de condicionamientos económicos y políticos que retienen en cautiverio o en la periferia a estas naciones dependientes.

Pero la situación ha cambiado en el último siglo, se ha complicado y se ha acercado a su punto crítico después de la depresión económica posterior al crecimiento de las nuevas superpotencias económicas como lo son los gigantes asiáticos; china, Rusia y Corea, porque la oferta y el condicionamiento ya no depende solo de Estados Unidos, las naciones tienen oferta de capital que necesita usuario y las formas de competencia entre las superpotencias y más específicamente hablando de los súper grupos económicos utiliza desde los medios honestos y legales como los que son todo lo contrario.

La necesidad de mercados de consumo de capital financiero e inversiones y consumo está ya en un nivel de tráfico pesado y lento, donde cabe vez se reduce más el espacio a utilizar y el capital financiero está llegando a un punto donde los recursos tecnológicos existentes y las formas de uso son insuficientes para la dimensión de los capitales de billones de dólares y de euros que requieren reinvertirse como producto de la plusvalía.

Este es el panorama como parte de una visión e ideología de otros tiempos que ya se está agotando por las características de cambio acelerado de nuestro mundo actual donde todo ha cambiado menos los sistemas políticos y económicos que son los ejes de la vida como comunidad nacional o global, fenómenos graves como la migración de naciones pobres a países ricos tal pareciera que no tienen solución y cuando menos no ha sido hallada por los países europeos ni estados unidos principalmente, cuando esto solo es un a consecuencia de las fallas y limitaciones de los sistemas económicos actuales con falta de coordinación entre las naciones.

La capacidad, los limites y alcances de la economía actual en las condiciones conocidas están agotadas porque todo lo creado tiene que renovarse y perfeccionarse. Todo se ha llenado y agotado en cuanto a posibilidades que podían alcanzarse. Los frutos prometidos se cumplieron pero el propio dinamismo creado por esta economía ya rebaso sus capacidades de satisfacción de este ente global creado.

En este sistema económico todo está estancado y en caída o crisis porque los capitales que dan movimiento a la sociedad ya no encuentran acomodo, los salarios y empleos ya no se están produciendo ni creciendo por la falta de planeación y sinergia económica en la sociedad, en algo que deben de participar tanto gobiernos, como empresarios, representantes de trabajadores y representantes de la sociedad civil. Razones evidentes de este agotamiento se van acumulando y desencadenando graves problemas sin solución en las condiciones del sistema actual y, creando severos conflictos que llegan a ser hasta bélicos.

TEORIA DE LA ECONOMIA INTEGRADA.

Los sistemas económicos capitalista y socialista que se han aplicado en las naciones históricamente corresponden a una ideología como forma de entender la vida práctica y una filosofía como forma de entenderlo todo organizadamente. Tanto capitalismo como socialismo como modos de producción y sistemas económicos no contemplan factores que han surgido en tiempos recientes y que en su momento no existían o aun existiendo eran subordinados a los intereses de estas nuevas ideas dominantes.

Se ha tratado de sintetizar a los dos sistemas y modos de producción dentro de naciones como china actualmente obteniendo resultados acumulantes pero no ha sucedido lo mismo con la misma china en el entorno internacional donde su comportamiento es netamente capitalista. Significa esto que la economía mixta se ha aplicado parcialmente solo en el proceso proactivo o que ya fue rebasado también en sus expectativas como lo han sido el sistema capitalista y el sistema socialista que solo acumula capital para una clase social o para los súper grupos minoritarios a nivel mundial.

Propongo que se entienda de aquí en adelante para su análisis a la economía integrada como el conjunto general y global de todos los factores, sectores y procesos de la actividad relativa a la riqueza humana y social. Pero ahora incluyendo a una nueva forma de economía que yo llamo economía social.

Quiere decir que la economía integrada global o de una nación especifica está formada del sector o inversión pública, del sector o inversión privado y ahora también del sector o inversión social. El fundamento ideológico es el liberalismo y el humanismo como oportunidad de crear y desarrollar el potencial integral individual y colectivo en un ambiente de libertades y garantías básicas para el desenvolvimiento del potencial humano. Y el fundamento filosófico es la síntesis del idealismo trascendental, idealismo absolutos, materialismo dialectico y filosofía de la liberación.

Como la participación integral de toda la comunidad humana actual con base en lo mejor del pensamiento histórico en cuanto a la consideración de las disciplinas científicas como expositoras de las leyes universales de las cuales el género humano es objeto también.

La economía integrada es como mi visión y propuesta una teoría, un sistema y un modelo fundamentado y con aplicación real de acuerdo a la evolución de la actividad humana netamente creativa y productiva, es decir económica, que corresponde a entender al universo como un todo integrado que hay que conocer y ese descubrimiento del conocimiento lo da la ciencia y, ya analizado y estructurado crea un sistema de creencias más profundas que es la filosofía como la estructuración de los saberes humanos para entender a la vida. Es decir la filosofía es un sistema integral e integrado de los saberes y conocimientos humanos en general, de la vida como un conjunto de acontecimientos y fenómenos integrales e integrados.

Todo redunda en que no se puede explicar algún fenómeno o situación natural o social sino dentro de un sistema integral e integrado y solo así las cosas que crea el hombre y quiere que funcionen, solo funcionaran si se integran y son parte de un sistema integral e integrado de la realidad que el descubre a través de la ciencia.

Dentro de la teoría, sistema y modelo de la economía integrada es necesaria la integración ordenada de todos los factores, elementos, actores y recursos de la actividad humana para entender y explicar las situaciones actuales y futuras.

Ya que en esta teoría no hay un elemento dominante ni indispensable porque el funcionamiento de la economía integrada depende de la integración y la participación de todos los actores sociales. Para que no se generen los problemas que los sistemas históricos dieron es necesaria la operación coordinada de los actores y aquí la base de la teoría de la economía integrada es la economía social.

Las leyes de la actividad humana no pueden ser distintas en lo esencial de las leyes de la actividad de la naturaleza y, la coincidencia es que todos los individuos y fenómenos dependemos unos de otros a través de procesos. Por lo tanto en la economía integrada es tan necesario el sector privado que representa el riesgo y la participación individual o grupal, como tan importante es el sector público que representa la participación gubernamental, pero también es importante el sector social donde están incluidos los individuos del sector privado y público si así lo quieren como ciudadanos y también los individuos de la sociedad civil en general.

Cada sector tiene una importancia específica, ya que el sector privado representa la innovación científica y tecnológica, el sector público representa el otorgamiento de servicios y creación y operación de infraestructura y, el sector social representa el apoyo al sector privado y al sector público en sus propósitos con sus recursos y al mismo tiempo representa la creación de empresas necesarias para las comunidades en colaboración con los otros dos sectores, como principal inversionista y gestor .

La base de la teoría de la economía integrada es la economía social la economía integrada requiere de una planeación científica de las variables económicas; es decir tomar en cuenta a nivel global el número de población, sus condiciones geográficas y recursos naturales, necesidades de consumo principalmente para que de acuerdo a los gastos ecológicos se cuantifiquen los satisfactores necesarios en promedio para las comunidades, la planeación de las actividades necesarias a desarrollar en determinada localidad, de acuerdo a sus recursos naturales y el tipo de preparación laboral y profesional, en relación a las demandas de esos satisfactores a un nivel global, que tome en cuenta las características de las regiones y naciones, así como de las localidades de una manera integrada, para que en la producción de los satisfactores sociales haya un panorama bien definido para la participación de los tres sectores: privado, público y social.

La economía está diseñada para atender las necesidades comunitarias como es el caso de la creación de fuentes de empleo, cuya carencia es la causa de la grave migración de un país a otro y en cuya problemática se culpa a los países ricos de no permitir el ingreso masivo de individuos que huyen de sus países pobres por la falta de trabajo y por la inseguridad y, no se observa ni contempla en este afán de encontrar culpables y no soluciones, que un trabajo integrado y una economía integrada evitaría estas consecuencias.

Ya que la responsabilidad económica global es de todas las naciones en comunidad y, la solución de sus problemas y necesidades básicas, la migración humanitaria por ejemplo es responsabilidad global y de los países ricos y del país de donde emigran. No de los países por donde transitan solamente como es el caso de México como país de tránsito. Esta migración se evitaría si realmente hubiera una actividad económica coordinada global. Las naciones ricas invirtiendo social y privadamente en la generación de empleos en las naciones pobres pero en coordinación con el sector público, privado y social de las naciones pobres.

Ya que nadie es tan pobre que no tenga nada que dar ni aportar en la solución de sus propios problemas y, nadie es tan rico que no deba en poco o mucho su riqueza al trabajo o consumo de los pobres.

El fundamento sociológico o complemento de la teoría de la economía integrada es la teoría social integrada o teoría de la sociedad integrada. Y el fundamento filosófico es la teoría filosófica integrada o teoría de la filosofía integrada. Las aportaciones de las teorías económicas y sociológicas son importantes y están implícitas en la economía integrada. es innegable la tesis o ley del determinismo económico que indica que el ser material determina al ser social, es decir que para la creación y reproducción cultural, para generar creatividad y desarrollo humano primero es necesaria la satisfacción de las necesidades económicas como el trabajo pleno y con el todos los beneficios que conlleva.

La teoría de la economía integrada no es un criticismo económico sino la síntesis de teorías económicas y sociológicas para poder establecer orden y desarrollo continuo en la economía global basada en la observación de formas de organización que se han dado y se siguen dando en comunidades pero que no han sido consideradas en el funcionamiento de la economía global. Y que ahora es necesario aplicar considerando que los sistemas económicos utilizados fueron creados para un contexto histórico-social determinado que no corresponde a un entorno global y, por lo cual necesitan complementarse con otros sistemas económicos y sociales. Esto da origen a la economía global integrada.

La teoría económica integrada sintetiza el trabajo, las aportaciones de las ciencias: tanto de la propia economía en sus diferentes enfoques y propuestas, como de la estadística y probabilidad matemática, las leyes y principios de poblaciones, recursos de la biología y la ecología también en un marco global para que los diferentes especialistas aporten y contrasten los efectos de sus disciplinas en las actividades humanas como parte de comunidades. Esto parece utópico y complejo, imposible de realizarse pero no lo es así porque está probado por diversas comunidades tradicionales respetuosas de los ciclos de la naturaleza. Solo es llevarlo de una dimensión pequeña a una dimensión mayor que es la global y, ahí por eso es importante la participación comprometida e incluyente de las comunidades de todas las naciones, tanto las rurales como las urbanas, las modernas como las tradicionales para poder integrar todos los conocimientos posibles en realidades viables.

Las grandes diferencias y aportaciones de la teoría económica integrada son el análisis y estudio integral de las necesidades y actividades económicas de una localidad en relación a la región a los estados, al país y al mundo, es decir un enfoque global a la economía local la participación directa en el análisis, creación de proyectos y ejecución de estos en obras de infraestructura productiva por parte del sector social. Y la participación compartida de los sectores público, privado y social en todas las áreas y actividades productivas con el fin de satisfacer todas las necesidades materiales de la población y ofrecer sobretodo empleos e ingresos a los habitantes de una localidad determinada.

LA ELIMINACIÓN GRADUAL DEL EFECTIVO O CIRCULANTE MASIVO.

Hasta hoy la moneda circulante o efectivo es una forma práctica y necesaria de intercambio de mercancías: salario por trabajo, precio por bienes y/ servicios. Y también se usa como una forma de acumulación de capital, de ahorro o de reservas nacionales.

La mentalidad o ideología común del capitalismo y aun del socialismo es teniendo como referencia de riqueza al monto de efectivo o de circulante. La gran pregunta que muchos nos hacemos en términos económicos y que es la hipótesis de esta teoría es en relación a que si es posible el crecimiento, desarrollo, bienestar y riqueza de la sociedad. En otras palabras creemos tradicionalmente que es imposible que no exista la pobreza o individuos, regiones o naciones pobres, porque la riqueza o el bienestar en cuanto a recursos y mercancías no alcanzan para todos y, como hay más demanda o individuos con necesidades que la oferta de mercancías, de ahí sobreviene la desigualdad social y la pobreza. Pero dentro de la teoría económica integrada esto no es así.

Los individuos, regiones y naciones pobres o carentes de satisfactores básicos solo requieren que el sector social de estas mismas localidades o de otras localidades genere la producción de bienes y servicios básicos. Y así en cuanto a mercancías básicas las necesidades se cubren a nivel global y desaparece la pobreza. Y las variables macroeconómicas como el índice de precios, la inflación se estabilizan y controlan porque ya en cuanto a mercancías básicas la oferta es igual o superior a la demanda. Esto no significa que desaparece el sector privado con toda la importancia que representa para la economía en general, sino que su actividad e importancia se rediseñan enfocándose a la complementación de mercancías básicas y, sobre todo, su mayor peso e importancia es enfocarse al desarrollo científico y tecnológico, por ende sus mercancías tienen un plus valor por su innovación. Ya deja de tener la principal importancia la acumulación monetaria o el manejo de efectivo porque los individuos y colectividades tienen satisfechas sus necesidades básicas y el circulante deja de ser indispensable pudiendo emplearse dinero electrónico u otras formas de documentos de valor.

El circulante tiene su función específica y valiosa que la de ser una forma de representación de valor económico precisamente. Es la representación de la riqueza, del trabajo y del capital y, es en si la mercancía sinónimo de todas las mercancías existentes en una forma simplificada. Pero si se considera en el aspecto de acumulación de capital pasivo que no está siendo utilizado para la generación de la riqueza social pierde su valor y función más importante y significativa de ser, y así pierde sentido su razón de ser en la economía, porque todo tiene que ver con el principio y máxima universal de que los seres y todo lo que existe solo tiene sentido y razón de ser y de existir cuando cumplen su función y propósito esencial universal.

En este caso si se entiende al circulante como elemento de poder discriminatorio y limitante no de los individuos sino de las posibilidades de evolución hacia condiciones superiores y no cumple con su función por la cual existe que es la de facilitar pero como una forma temporal a la creación de riqueza social, pierde su verdadero valor y queda a niveles de la codicia humana. Serán las nuevas condiciones de la economía integrada y sus necesidades las que vayan disminuyendo la existencia del circulante en efectivo para cambiarlo por formas despersonalizadas de la pertenencia individual que a través de la tecnología informática bajo estándares de seguridad y honestidad en una sociedad revalorizada y con sentido de pertenencia como genero se puede considerar al dinero como un mero elemento de cambio o intercambio y no de poder y pertenencia. Pero será un cambio y una transición gradual que la misma sociedad en su conjunto llevara convencida de que la única manera de existir y coexistir individual y colectivamente es por medio del consenso, el dialogo y el entendimiento para lograr la integración humana de una forma armoniosa controlando la naturaleza humana hostil.

LAS EMPRESAS SOCIALES.

Cuando el sector social se convierte en productor directo de bienes y servicios toma la forma de empresa social. La empresa social es diferente en su concepto y en su funcionamiento y sobre todo en su propósito de la sociedad cooperativa tradicional.

Ya que la sociedad cooperativa tradicional busca el beneficio solo de sus socios o integrantes, mientras que la empresa social no busca nunca plusvalía, sino generar trabajo e ingresos ya sea para la propia comunidad o bien para otra u otras comunidades que así lo requieran o también generar bienes y servicios necesarios para la comunidad, o que sean de difícil acceso o adquisición por sus altos costos en cuanto a necesidades materiales básicas como la alimentación, medicamentos, combustibles, etc. o que con su participación o competencia a precios de recuperación o de mantenimiento o sostenimiento de la infraestructura y sin la generación de plusvalía contribuye a la estabilidad de las variables macroeconómicas.

Las empresas sociales pueden tener la forma de una fábrica, de una granja agrícola u otra actividad productiva en la localidad del sector social de origen, o en otra localidad. Puede presentarse como una tienda abierta a todo el público, una estación de combustibles, una sala de cine, una farmacia, etc., brindando productos o servicios a la comunidad en general.

Las empresas sociales son la forma de participación de los individuos sociales del sector social en esta nueva economía integrada. Lo que los mueve a estos individuos es la necesidad de participar en la solución de los grandes problemas de sus comunidades y del mundo.

Las empresas sociales son de los individuos sociales y funcionan sin fines de lucro, de plusvalía o de acumulación de capital. Este tipo de empresas están dirigidas y gobernadas por las autoridades al igual que cualquier empresa, el gobierno las organiza ya que existe la inquietud y la intención de los individuos sociales de participar activamente como productores. El gobierno las organiza y las controla pero es vigilado, supervisado y rinde cuentas e informes al sector social que creo estas empresas. Son necesarias y su valor radica en que cubren el vacío que no cubren las empresas públicas ni privadas en la producción de mercancías básicas necesarias para una determinada comunidad o para la generación de fuentes de trabajo que activen la economía de una comunidad o región.

La condición y participación de estas empresas representa el más alto espíritu de participación, compromiso e involucramiento individual y colectivo del hombre, movido por lo mejor de su esencia inteligente y humana. Y que crea una gama de bienestar y posibilidades de desarrollo de los individuos incluyéndose los propios individuos del sector social y de la comunidad local y global en general.

En cualquier comunidad por muy precarias que sean sus condiciones económicas de vida siempre se tiene el recurso humano como voluntad y fuerza colectiva y el otro recurso es el ingenio y la capacidad de creación de soluciones. Y estas dos capacidades reunidas en el sector social, individuos comprometidos con su comunidad local y la comunidad global son el eje y la fuerza para crear las empresas sociales que moverán al mundo hacia condiciones inimaginables de bienestar y cambios de superación general.

Las empresas sociales tienen un ámbito o alcance extraordinario de influencia y beneficios para todos los individuos y comunidades porque con esa mentalidad común de resolución de problemas comunitarios y de colaboración entre los sectores sociales diversos, los gobiernos y el sector privado, el alcance de sus operaciones se vuelve ilimitado. Y así la solución de todos los problemas es posible en el entendido de que los individuos de todas las comunidades ven el interés de inclusión y preocupación del sector social que mueve al sector público y al sector privado a la participación colectiva de las necesidades humanas no es un imposible ni aun en las circunstancias de despreocupación y egoísmo entre los individuos, grupos y naciones, analizando y convenciéndose de las bondades de esta nueva economía integrada y de los beneficios directos a través de las empresas sociales.

Las necesidades básicas garantizadas en los derechos humanos son facilitadas por la presencia de estas empresas y, con ello el desarrollo y armonía de los individuos y de su convivencia social constante y fructífera, la convicción plena del valor del ser humano se refleja en la creación y funcionamiento de estas empresas que crearan trabajo y mercancías básicas y necesarias para una comunidad cercana o lejana de acuerdo a las capacidades del propio sector social que puede llevar beneficios a comunidades lejanas y a otras naciones necesitadas.

HIPOTESIS DE LA TEORIA ECONOMICA INTEGRADA.

Considerando al género humano como parte de un todo integrado con necesidades ilimitadas por su complejidad social y cultural, pero tomando como base su naturaleza social, la teoría económica integrada se pregunta:

¿Es posible en un contexto cada vez más complejo de formas diversas de vida la plena coexistencia y el pleno desarrollo individual y colectivo a nivel global a partir del equilibrio, bienestar, crecimiento y desarrollo económico, eliminando carencias, inequitativa distribución de la riqueza social y problemas y situaciones derivadas de la falta de oportunidades e inclusión en el ámbito laboral del ingreso de recursos económicos adecuados y satisfactorios?

¿Si somos parte de la naturaleza perfecta y ordenada y somos un nivel de participación de esa inteligencia superior, porque no podemos evidenciar esa capacidad de inteligencia en la solución ordenada de nuestros problemas como especie ordenándolos para así poder ir solucionándolos?

¿Si la perfección universal y sus leyes tienden a llevar todos los fenómenos a su cauce, porque la tendencia de nuestra especie se resiste? pero irremediablemente como un agujero negro es absorbida nuestra inútil resistencia al dinamismo universal. Nada es posible que quede fuera de la acción del universo y por lo tanto el hombre encontrara tarde que temprano el camino correcto si se quiere a través de su experiencia histórica o de la prueba del ensayo y error, porque quien se quiere se valora y, quien se valora hace por su vida lo mejor.

No hay tres opciones o variables, solo dos: el error que son los problemas que se agudizan y, el acierto que es la posibilidad de crecer y desarrollarse.

TESIS DE LA TEORIA ECONOMICA INTEGRADA.

Si es posible la vida y convivencia social plena de bienestar, crecimiento y desarrollo individual y colectivo donde las carencias y los problemas tradicionales se eliminan. Todo es bajo la forma de la integración de los individuos de las comunidades locales en el sector social.

El sector social es el motor de cambio de la comunidad local con su participación directa en la solución de sus necesidades materiales sobre todo laborales. Y después de cubierta esta necesidad bajo la forma semejante de las sociedades cooperativas la misma comunidad local puede satisfacer otras necesidades.

La aportación de la teoría económica es conceptual con los conceptos de economía integrada, sistema económico integrado o integracionismo, teoría económica integrada o teoría de la economía integrada, economía social, sector social, riqueza social, inversión social, capital social, inversión social publica, inversión social sustentable, inversión social benéfica, fondo social, aportación individual voluntaria, inversión social recuperable, inversión social donada, comunidad local, individuo social o comunitario, cooperativismo social o comunitario, empresa social o comunitaria plusvalitaria, empresa social beneficiaria.

Y es aportación metodológica o procesal porque indica la forma que se debe de seguir para el cumplimiento de la tesis de la teoría y esta es a partir de la integración del sector social hasta llegar con sus pasos a la plena satisfacción de las necesidades materiales de todos los individuos de una comunidad local. Todas las cosas y fenómenos llegan y encuentran siempre su orden natural, no inventado.

No hay nada que pueda estar fuera de las leyes y el orden perfecto del universo y, el intelecto, el conocimiento y la sabiduría humana colectiva llega el momento a través de su experiencia histórica que lo asimila y entre en ese orden. Las cosas son simples en su verdadera naturaleza y profundidad, la esencia y raíz de todo tiene un sentido que se tiene que descubrir y entender y las culturas sabias milenarias lo han descubierto y asimilado. Corresponde al hombre contemporáneo hacer a un lado las circunstancias y factores temporales y coyunturales para ver y entender la grandeza y verdadera naturaleza del todo armonioso y ordenado que funcionada sincronizadamente. Pero la inteligencia tecnológica a veces se olvida de las raíces científicas que son las mismas raíces filosóficas: el descubrir el funcionamiento perfecto del universo.

¿Cómo relacionar esta actitud tecnológica que pareciera domina desde la praxis el ir y venir de la vida humada? reinterpretando el porqué y el para qué primero y ultimo de todas las cosas. Y en el caso de las necesidades humanas y la economía simplemente entendiendo que los problemas son creados por el propio hombre cuando no toma en cuenta el orden de la naturaleza y el universo, y que las necesidades básicas del ser humano deben ser garantizadas en su satisfacción total por toda la comunidad y no solo por el estado.

En la economía se debe de entender la participación de todos en su solución y no buscar culpables. Porque si es posible el desarrollo integral de la comunidad con la participación entendida y comprometida de sus integrantes y sin afectar injustamente a nadie, porque siempre los logros y vida de cada individuo dependerá de su propio esfuerzo pero la comunidad-de ahí su nombre de común debe brindarle la posibilidad

EL INTEGRACIONISMO; SINTESIS DEL CAPITALISMO Y SOCIALISMO.

Si el sistema capitalista centra toda su importancia y naturaleza de funcionamiento en la existencia del capital como una forma de riqueza y de cambio social, que sin embargo al representarse en una riqueza individual debido al reparto inequitativo de la plusvalía y ahí se pierde el sentido social de la riqueza, a partir de esa situación dan como resultados los problemas congénitos del propio sistema al no facilitar el acceso de oportunidades de movilidad vertical de los individuos en la misma proporción entre los capitalistas y los asalariados.

Esta es su naturaleza aunque no se puede negar que algunos individuos logran esa movilidad vertical con muchas dificultades y, que con la participación del sector privado y la fortaleza de su capital es como se han logrado los grandes avances del género humano ya que solo es posible esto por su apoyo y patrocinio pero los fines y ganancias económicos acrecientan la acumulación de capital y postergan la inclusión de millones de individuos a la participación productiva no de mercancías sino de talento y de capacidades plenas.

Y si el comunismo o socialismo basado con buena intención y de forma teórica en la comunidad y ahora si en la riqueza social y no en la riqueza individual no logra ni en teoría y menos en la practica el anhelado propósito y se queda solo en grupismo o elitismo gubernamental que también no ejecuta el reparto de la riqueza y por lo tanto no permite el pleno desarrollo de las capacidades y talentos libremente porque se convierte en una dictadura hasta donde se ha visto muy lejos de la ideología y teoría socialista.

Quizás lo valioso del socialismo como praxis es el ejercicio educativo de los individuos que parece que tienen igualdad de acceso pero que sin embargo no se puede hablar de movilidad social vertical dado que no existen las clases del capitalismo, pero entonces aquí lo verdaderamente importante sería el acceso y la realización de la vida libre con todas las capacidades y talentos desarrollados.

En el capitalismo domina el poder y la influencia del sector empresarial o privado sobre la vida nacional e individual y, en los destinos de las naciones, se privilegia el interés económico de los grupos empresariales dominantes y ellos son los que marcan el rumbo y el destino de las naciones. Mientras que en el sistema capitalista el poder directo sin ninguna influencia lo tiene por completo el estado de forma monopólica. Es el gobierno dictatorial porque ni siquiera libre y democrático que fuera de cambio marcado por el pueblo, es el gobierno totalitario el que planea y señala el camino a seguir para las naciones.

En conclusión, en ambos casos el resultado es el mismo: el control de las naciones y de las vidas de los individuos por grupos de poder que solo ellos salen beneficiados o permiten la incorporación de algún otro individuo que sirva a sus intereses y propósitos, y en este caso la vida y la actividad económica está sujeta al ordenamiento de esos grupos y a sus condiciones de operación.

Significa que tanto capitalismo como socialismo son enfoques y practicas parciales sobre la actividad social y económica que fueron planteadas e impuestas y que ya han evidenciado sus carencias y limitaciones, sin embargo de los planteamientos se aprende y la existencia del capitalismo y el socialismo permite y da paso como una síntesis de esas partes incompletas al sistema integracionista que llena los vacíos e imperfecciones dejados por el capitalismo y el socialismo y, conjunta los aspectos positivos que ambos tienen sobre el aspecto social y económico.

El integracionismo al permitir y basarse de una sociedad participativa en igualdad de condiciones y de compromiso social, trata de contribuir a la igualdad de desarrollo de todos los individuos, dejando clara la posibilidad y necesidad de la participación de sus capacidades y talentos para el desarrollo de la sociedad global no solo la nacional.

El integracionismo destaca la inclusión y valor implícito de cada individuo y de cada factor y elemento de la sociedad para lograr un funcionamiento sincronizado que permita la evolución constante y ordenada de la humanidad. Es un enfoque filosófico, científico y sociológico que toma lo mejor de las aportaciones interdisciplinarias en una concepción integrada de la vida y del universo. Donde cada individuo, objeto y fenómeno tiene una función y un valor en sí y un valor instrumental en beneficio de la consecución de un fin superior que no lo ordena ni plantea el propio hombre, sino que lo descubre de su experiencia histórica.

Así el integracionismo basado en la creación y participación del sector social en la economía global logra lo que el capitalismo y socialismo no lograron: la participación en igualdad social y el acceso al desarrollo de las capacidades y talentos individuales y, aquí ya no es el sector privado ni el gobierno quien domina lo económico porque el sector social equilibra las condiciones de desarrollo individual y social al participar directamente como productor de bienes y servicios básicos para las comunidades.

EL INDIVIDUO COMO UN SER NETAMENTE ECONOMICO.

Un principio de la teoría económica integrada consiste en considerar que el individuo es en sí y por sí mismo un ser económico y un agente económico por su naturaleza social es un ser social porque depende de la economía como una acción creada por la comunidad para poder vivir y satisfacer todas sus necesidades, es un agente económico porque participa en la economía como productor y consumidor de mercancías que son bienes y servicios.

Esta característica importante la destaca la teoría económica integrada porque el individuo social en su necesidad de satisfacciones tiene que participar en la acción económica como consumidor pero al mismo tiempo se ve obligado a participar como agente productor cuando las condiciones así lo exigen y, aquí en este momento es que se inicia la participación colectiva en el sector social e inicia toda la actividad del sistema económico integrado, con la colaboración de la comunidad la naturaleza económica del individuo se activa y pone en práctica su potencial económico como propositor de ideas y proyectos, inversionista, trabajador, administrador de la empresa o de la inversión social.

El individuo es consumidor natural y creado según sus necesidades, necesita lo vital pero por su naturaleza compleja e inquietud e inconformidad natural de transformar requiere también los satisfactores superfluos o creados. Pero en esa situación de necesitar satisfactores básicos y no básicos tiene la oportunidad y responsabilidad de participar directa o indirectamente en la producción de dichos satisfactores.

A diferencia de los demás seres vivos el ser humano crea su propio bienestar o su propia complejidad de vida. Pero a diferencia de los demás seres vivos donde la perfección de la naturaleza regula los mecanismos de existencia de todos los organismos, las poblaciones y cambios en ellas; en el ser humano la solución de los problemas de satisfacción de sus necesidades en general dependen de la vida organizada de las colectividades en forma global, de las conductas hechas hábitos y de su inteligencia como género o especie para situar su vida colectiva dentro del orden perfecto de la vida natural.

Y en el primer caso, o sea los hábitos éticos en general tienen que ser basados y reforzados por las normas jurídicas para garantizar su establecimiento y cumplimiento.

Hoy en día en cada lugar y por cada individuo tiene efectos globales y por tanto deben estar sincronizadas todas las leyes de todas las naciones para que funcione el propósito para el que fueron creadas: asegurar la vida colectiva.

Cuando desparezca la ignorancia creada de ver los intereses de grupo o individuales y se entienda que el hombre solo funciona de manera natural en colectividad y que eso significa que toda la colectividad tiene que desarrollarse y funcionar al mismo nivel sino no puede funcionar ni menos desarrollarse y, que esto si es posible cuando se quiere porque se tienen los recursos de todos los tipos humanos, naturales y cognitivos para hacerlo posible solo que no se ha querido lograr esta situación.

Y en el pecado se lleva la penitencia, el individuo desde un enfoque biológico y ecológico debe de tener conciencia de su función como organismo y esto lo debe informar el estado, su lugar como organismo y sus responsabilidades para cuidar su medio ambiente, sus consumos y su capacidad para generar recursos naturales y económicos para su propia existencia.

Es decir debe estar informado de cuantos recursos requiere para vivir y de cuanto puede y debe hacer para garantizar el consumo de los recursos que necesita para su vida, desde el aire que no es de él, sino de la naturaleza y patrimonio de la humanidad, el agua, etc. No debe dejarse a la libre conciencia de cada individuo porque las consecuencias de las conductas antiéticas son los daños globales a la humanidad y a la naturaleza y por lo tanto esto es peor que un delito que daña a un individuo porque son daños colectivos y globales. Y la ciencia para eso está para crear soluciones, el estado para establecer esas soluciones en la vida colectiva y, las leyes para marcar las prácticas necesarias y su obligatoriedad.

Por lo tanto la condición económica del individuo no solo es de demandar satisfactores ni la obligación del estado de procurárselos, sino que es una condición integrada donde no hay obligación específica o parcial sino el compromiso de la participación colectiva en la organización y funcionamiento de la vida colectiva y la eliminación de los intereses de la vida de los grupos e individuos que han querido ignorantemente funcionar por encima de la vida colectiva, cuando esto por ningún lado que se le mire es posible.

SISTEMA ECONOMICO INTEGRADO.

Este sistema llamado también integracionismo es la interrelación de los sectores privado, social y público, como los órganos o elementos operativos de la economía en general. Y se inicia este sistema a partir de la integración del sector social dentro de la comunidad local para crear la riqueza social con base a una participación global determinada por las diferencias, semejanzas y ventajas económicas de los recursos humanos y naturales en complementariedad o comparación con las demás comunidades de la región primero, después con las otras entidades, con las otras naciones y con el mundo.

La participación económica no es individual o de grupos sino de comunidades de las localidades. Lo importante en este sistema es la competencia y la complementariedad a nivel de comunidades de localidades, no es una participación de naciones sino de comunidades locales que pueden tener alcance local, regional, estatal, nacional o mundial. Cada comunidad local se dedica o especializa en cierta o ciertas actividades complementarias con las actividades globales, nacionales, estatales o regionales. Para lograr los objetivos comunales, pero las actividades económicas individuales en la producción de bienes y servicios sigue permitiendo la ocupación personalizada y libre de los individuos de la comunidad.

El ciclo económico de momentos o etapas positivas o negativas conocido hasta hoy y que si sucede en la realidad se sigue efectuando en el sistema económico integrado porque es un fenómeno de la naturaleza económica evidente, pero ahora funciona de manera uniforme a nivel global. El funcionamiento económico global tiende en este sistema por sus características y condiciones de mayor participación integrada, más uniforme u homogéneamente ya que en este sistema y en la economía intervienen todas las naciones y todas las comunidades de forma complementaria e integrada.

La inclusión o participación del sector social junto al sector privado y al sector público en las actividades económicas y más específicamente en las actividades productivas hacen posible una complementación para cubrir la totalidad de necesidades sociales, a la vez que crea una competencia leal y justa entre los sectores participantes, este sistema tiene su mayor fuerza y valor en la suma de esfuerzos y voluntades de los individuos sociales; en su nivel y sentido de compromiso, solidaridad y participación integrada en la localidad y a nivel global.

Tenemos en cuenta que los individuos sociales son parte de la población en general de la localidad siendo integrantes de la sociedad civil en general, dentro del gobierno o dentro de la iniciativa privada. Pero son parte del grupo común de la población o comunidad de una localidad, región, estado o país.

Las actividades económicas se complementan entre las comunidades de las localidades, regiones, estados y países. Funcionando de acuerdo a sus ventajas económicas. Por ejemplo una localidad petrolera se enfoca a desarrollar su actividad específica para vender su producción a otras localidades, regiones, estados o países. Tratando de aprovechar todas las presentaciones posibles de bienes y servicios de dicha materia prima.

Es la actividad social externa, en cuanto a la relación comercial con otras localidades, la fortaleza de la economía local que genera ingresos para toda la población con la participación de los tres sectores económicos.

Pero internamente dentro de la localidad los individuos complementan libremente la satisfacción de sus necesidades: unos como profesores, otros como empleados, otros como médicos, panaderos, etc. Participan como sector social con aportaciones voluntarias o fijadas al fondo social para contribuir a la creación de trabajo y bienestar para su propia localidad o de otras localidades, pero viven de su trabajo particular como obreros, empleados, funcionarios o empresarios.

LA LEY DE LA OFERTA Y LA DEMANDA Y LA ECONOMIA INTEGRADA.

Las actividades económicas y el comercio de la economía integrada no cambian ni afectan en su naturaleza a la economía actual. El cambio radical consiste en la creación, aparición y participación protagónica del sector social en la oferta de bienes y servicios básicos. Porque los bienes y servicios tecnológicos siguen correspondiendo en su desarrollo, producción y comercialización al sector privado por el monto considerable que representa su desarrollo y producción. Si el sector social participa como productor de mercancías básicas. Las variables macroeconómicas se estabilizan porque ya hay tres competidores y, el sector social no busca plusvalía y por lo tanto hace que los precios primero bajen y después se equilibran y mantienen.

En la naturaleza como en la sociedad humana las necesidades deben ser reguladas por una parte organizada. En este caso de la sociedad humana las necesidades deben ser estudiadas y reguladas por el estado o gobierno nacional para su funcionamiento y desarrollo. Debe existir un estudio científico probado de las necesidades básicas del ser humano y esas necesidades deben garantizarse pero no necesariamente el gobierno nacional las va a producir directamente, sino que tiene que crear un estudio de la forma de satisfacer esas necesidades y en este hacer participar a toda la comunidad a través de los tres sectores. Por lo tanto la demanda la marcan las necesidades en general bien estudiadas por el gobierno nacional y, teniendo como compromiso preferencial a las necesidades básicas de las cuales su satisfacción le corresponde directamente al gobierno nacional su cumplimiento hacia la comunidad, es decir tiene que producir esos satisfactores o promover su producción.

Quiere decir que por ello la ley de la oferta y la demanda en el sistema económico integrado no es tan fortuito como en el capitalismo o en el socialismo, sino que la libertad de la demanda y de la oferta sigue existiendo como parte de la vida de las comunidades y de los individuos y el consumo y sus formas libres también. Pero en el sistema económico integrado el gobierno nacional estudia el comportamiento de la demanda de satisfactores y de la oferta de los productores, las condiciones en que se dan para que ocurran asegurando la satisfacción completa de las necesidades básicas de los individuos de todas las comunidades. Y para que esto ocurra interviene el sector social, el sector de las propias comunidades organizadas en la producción de satisfactores básicos. La libertad se mantiene para los precios que quedan a consideración de los productores pero ahora con la participación del sector social los precios de las mercancías básicas bajan y están al alcance de todos los individuos porque ese es el objetivo que todos los individuos tengan acceso a su satisfacción y ya no sea el intermediarismo y el lucro de lo básico la razón de la acumulación inhumana de capital.

La acumulación de capital se justifica en el sistema económico integrado para el sector privado en los casos de mercancías tecnológicas innovadoras que representan inversión constante y por lo tanto no es en sí una acumulación sino una recuperación de la inversión para seguir generando inversión y desarrollo de innovaciones tecnológicas de beneficio social.

Las necesidades básicas no tienen justificación en su incumplimiento en la economía integrada y las empresas que hasta hoy han existido y lucrado con estas necesidades desaparecerán de manera natural en el sistema integrado cuando las empresas sociales produzcan sus propias mercancías básicas y, si esos capitales quieren continuar en el sector privado se ubicaran en la producción de mercancías tecnológicas que requieren de la inversión constante o si no se sumaran esos capitales a los bancos privados o a las empresas sociales sin ningún lucro y si con la voluntad del desarrollo social global.

SISTEMA ECONÓMICO INTEGRADO

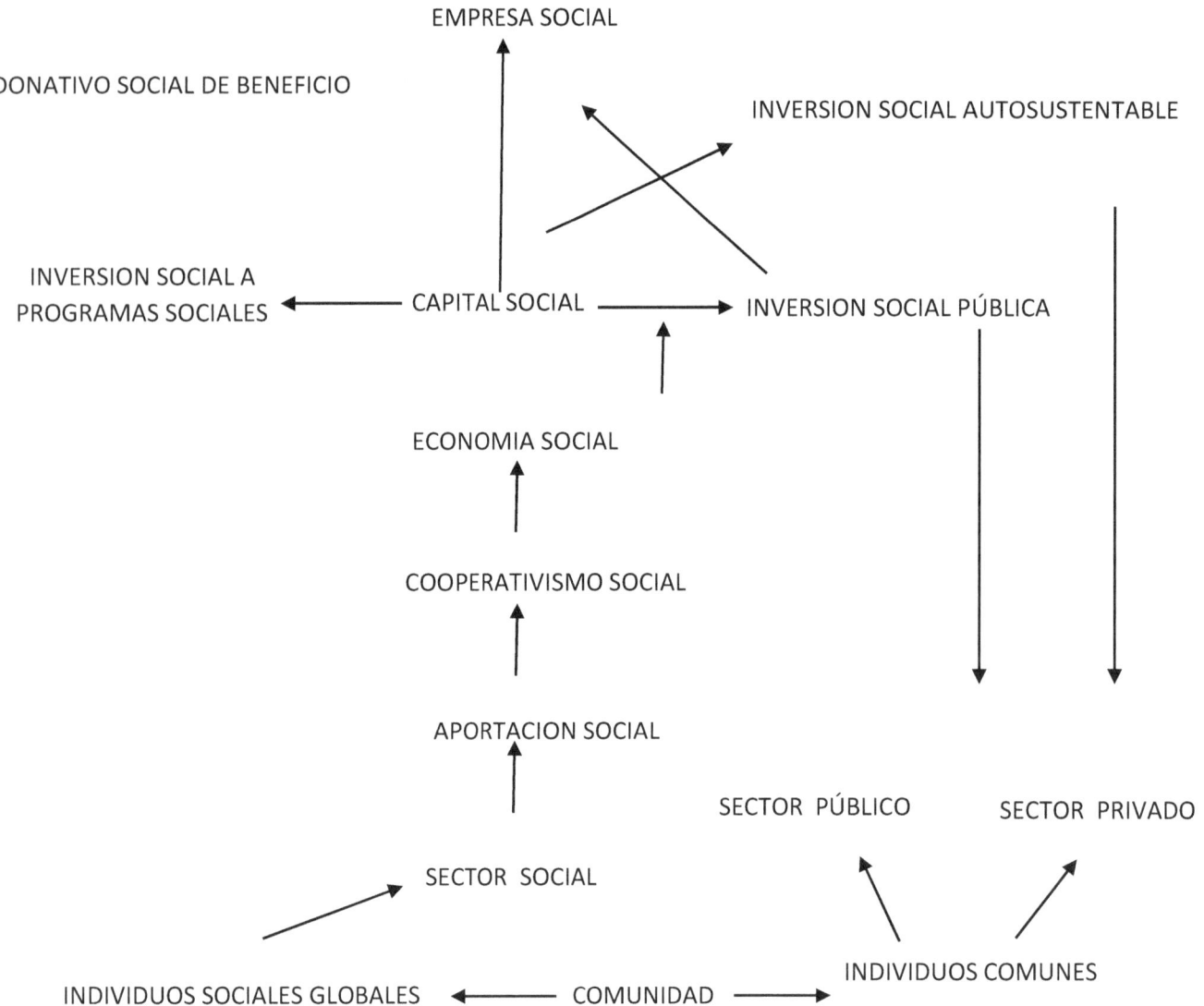

EMPRESA SOCIAL

DONATIVO SOCIAL DE BENEFICIO

INVERSION SOCIAL AUTOSUSTENTABLE

INVERSION SOCIAL A
PROGRAMAS SOCIALES

CAPITAL SOCIAL

INVERSION SOCIAL PÚBLICA

ECONOMIA SOCIAL

COOPERATIVISMO SOCIAL

APORTACION SOCIAL

SECTOR PÚBLICO

SECTOR PRIVADO

SECTOR SOCIAL

INDIVIDUOS SOCIALES GLOBALES

COMUNIDAD

INDIVIDUOS COMUNES

PROCESO DE INTEGRACION ECONOMICA.

El sistema económico integrado se forma de la conversión del sistema actual capitalista o socialista a una economía incluyente y complementada. Iniciando por la conformación del sector social, que a la vez se forma al considerar al individuo de la comunidad local como un individuo social solo en el momento que se interesa y participa de la solución delos problemas y necesidades económicas de la comunidad en general a través de la aportación de recursos económicos para la creación de obras públicas productivas; así nacen los individuos sociales y se forma el conjunto llamado sector social.

La integración económica inicia por el acuerdo social global generado por la convicción plena de las colectividades de que dentro de las libertades básicas inalienables del hombre debe prevalecer el propósito máximo de la sociedad o la colectividad no únicamente local, regional o nacional sino de la colectividad global. Y los propósitos o principios colectivos son entre otros el bien común que se refiere a la existencia común antes que la existencia de grupos o de los individuos por encima de la colectividad.

Esta convicción o cambio de mentalidad necesaria para el establecimiento del sistema integrado que represena el cumplimiento de las aspiraciones colectivas ya está comprobado por la ciencia de las leyes naturales, de los seres vivos, del hombre y sobre el hombre, es decir por todas las ciencias. Entonces ahora como el estado es la parte representativa de la colectividad y debe ver por su existencia, conservación y desarrollo, es el estado quien debe promover el establecimiento del sistema económico integrado para lograr el convencimiento de la colectividad, aprobarlo y asegurar su cumplimiento a través de las disposiciones administrativas y legales.

Dicen los humanistas que las necesidades producen y deben producir los satisfactores de esas necesidades. Y en el caso de la economía las necesidades y problemas económicos representados en las crisis de mercancías para las comunidades debe ser razón suficiente para la convicción de los individuos de los beneficios de la economía integrada. Y terminar con la idea equivocada de que es imposible la satisfacción de las necesidades básicas de todos los individuos y de ahí la justificación de la acumulación de capital y de la existencia de las desigualdades individuales y sociales y, por lo tanto del incumplimiento de los derechos humanos, que es el compromiso y función de todo estado y comunidad.

El paso es sencillo, la solución está ahí pero es más ciego el que no quiere ver que aquel que no ve y, es más ignorante aquel que no quiere entender que el que no sabe. La comunidad tiene el problema y la solución en su cabeza y en sus manos, continuar o desaparecer como especie y llevarse de paso a toda forma de vida consigo depende de la propia colectividad global y del trabajo del gobierno nacional.

El derecho a la vida por ejemplo como el derecho humano más importante no se refiere a la vida del individuo en particular sino a la vida en general de todas las criaturas existentes y no se contradice con la libertad individual de elegir la forma de vida sin dañar o impedir el derecho a la vida de los demás individuos sean hombres, animales o plantas. Con esto quiero decir que en la economía y en lo social donde es más importante la vida colectiva porque en eso consiste el contrato social que representa la sociedad o vivir en sociedad, ningún acto individual, de grupo o colectivo debe estar por encima de la vida y sobrevivencia colectiva y todo aquello que vaya en contra de la máxima social de la vida y sobrevivencia social debe suprimirse.

Es un paso y cambio de mentalidad necesario para evolucionar como lo hace el universo y la naturaleza hacia etapas superiores y reacomodarse en el sitio que le corresponde al ser humano en el orden natural cuando esto suceda se verán los beneficios de una sociedad igualitaria y justa que ha entendido que la función del individuo y de la sociedad va más allá de sus intereses irracionales y, que todo en el universo tiene una función y razón de ser y, si tenemos inteligencia superior sobre otras especies es por algo y para algo que debemos de descubrir pero que innegablemente lo material y económico no lo es y, esto tiene que regirse por la razón superior de la comunidad global y no por la razón de las naciones poderosas ni de los grupos económicos poderosos. Porque todo es posible de una manera organizada, no tienen por qué verse afectados los intereses económicos pero si tienen que modificarse sus formas y ceder en beneficio del interés colectivo global.

EL SECTOR SOCIAL COMO REGULADOR DE LAS VARIABLES MACROECONOMICAS.

La intervención institucionalizada del sector social como agente económico y como agente productor puede ayudar a regular los precios de bienes, servicios y salarios en caso de mercancías básicas, no permitiendo la inflación y, quedando sujetos a la ley de la oferta y la demanda los precios de las mercancías de lujo.

Las ventajas y beneficios de la participación del sector social como agente productor en la vida económica se verán con el paso de los años y la consolidación de la economía integrada. El poder y la capacidad del sector social a diferencia del sector público y del sector privado dependen de la organización de sus integrantes y puede ser ilimitado. Porque los mismos integrantes del sector público y del sector privado pueden ser parte del sector social si así lo quieren dentro de las funciones como individuos sociales globales,

El sector social puede ser fácilmente el más grande y poderoso de los tres sectores porque puede estar formado por todos los individuos de la comunidad. Y si hablamos a nivel global puede estar formado por todos los individuos de todo el mundo. Y por eso su poder y capacidad dependen de sí mismo y pueden fácilmente intervenir para cambiar las condiciones económicas de las naciones y del mundo en general. Interviniendo en el peso de los precios y de los salarios, en el primer caso para bajar los precios de las mercancías básicas al participar como productor de estas con el objetivo de garantizar el bienestar individual y colectivo y así mejorar los salarios, el poder adquisitivo y por ende nivelar y mejorar las finanzas colectivas locales, regionales, nacionales en un sistema global complementario ordenado.

Con esta participación todo mejorara en la microeconomía de las empresas sociales, públicas y privadas y, en la macroeconomía de las finanzas nacionales e internacionales pues al haber otro productor que no es en sí un competidor con fines de lucro se apoya el crecimiento ilimitado de la economía y sed garantizan los recursos y el bienestar que representan el desarrollo económico.

El sector social es el gran detonante histórico de la evolución social a partir de su organización y participación protagónica en la comunidad. Quien es la parte afectada de la colectividad la propia colectividad en general y en sus clases media y baja por lo tanto el remedio está en la misma enfermedad, la solución en el propio problema. Quien debe de interesarse y organizarse para solucionar sus problemas es la propia comunidad. Esta organización ya mencione que debe de iniciarse por los intelectuales de probada calidad moral y argumentos convincentes que logren atraer al gobierno nacional y a la comunidad en general.

La organización consensada de la comunidad lograra el establecimiento del sector social y su participación en la vida global, el potencial está ahí y es ilimitado, si juntamos todos los recursos de capital, de talento y capacidad humana y los recursos tecnológicos en una sola voluntad colectiva común, ningún problema social quedara sin solución. Y la riqueza nacional se verá reflejada en el equilibrio en las finanzas a partir de las capacidades complementarias de especialización de recursos naturales y de recursos humanos a nivel internacional.

Por lo cual basados en estudios económicos, demográficos, biológicos y ecológicos de las poblaciones, sus necesidades, sus recursos naturales y su responsabilidad para participar en la conservación de recursos naturales y la recuperación de estos en cuanto a su gasto o consumo, las comunidades del mundo entraran a un orden equilibrado que será estudiado y verificado que se cumpla y se mantenga por las instituciones académicas científicas nacionales e internacionales permanentemente y por los gobiernos nacionales a través de los máximos organismos globales, todas las finanzas nacionales se acomodaran sin dar preferencia al concepto erróneo de nación poderosa o dominante porque en este sistema integrado desaparece gradualmente la idea de país desarrollado y país subdesarrollado, de país dominante y país dominado económica y políticamente, porque las diferencias que existen solo serán las naturales de pensamiento y no las económicas y materiales porque el individuo y la comunidad está en un plano de conciencia plena superior que ha dejado poco a poco las diferencias superfluas atrás. Y son los intelectuales en conjunto los encargados de desarrollar esta conciencia y no el gobierno a través de su autoridad ni las empresas a través de su poder económico.

INDIVIDUO SOCIAL GLOBAL.

los individuos sociales son todos los integrantes del sector social independientemente que trabajen en la sociedad civil como empleados, en el gobierno como funcionarios públicos o en la iniciativa privada como empresarios, pero que todos son parte de una comunidad en común como un pueblo o una ciudad. Y ya sabemos que los individuos sociales son los que participan con recursos económicos para la construcción de obras públicas apoyando al sector público y con la participación del sector privado como constructor tecnológico de las obras.

Los individuos sociales globales no son los individuos simples sino son los individuos evolucionados mental y socialmente. Que han entendido la razón superior de las cosas si se quiere ver así o han encontrado el sentido común de la razón de las cosas. Son los individuos que saben que son más que personas y más que necesidades y problemas y que están convencidos y decididos a participar en la solución de los problemas sociales globales, deshaciéndose del egocentrismo y materialismos para realizarse como seres integrales.

El individuo social global ha llegado a un nivel de autoconocimiento y conciencia superior que le permite ser y hacer, aprovechar cada instante de su existencia en favor de lo social y naturalmente útil y, que entiende a la felicidad como la oportunidad de realizarse a través de sus obras y actos de manera profesional para corresponder a la oportunidad de vivir y saber que la vida es un milagro de la evolución.

LA RESPONSABILIDAD DEL GOBIERNO COMO PROMOTOR DEL SISTEMA INTEGRADO,

El gobierno federal del país en general es el responsable de la instalación o establecimiento del sistema integrado como lo ha sido de los sistemas que hayan existido antes. Es el gobierno federal el responsable directo de fomentar y lograr el desarrollo, bienestar y en general lograr la plena calidad de vida de la población. Por medio de un estudio de las necesidades locales y regionales, así como estatales y de los recursos humanos y naturales con que cuenta la población, para elaborar los modelos, planes y estrategias para lograr el desarrollo integral e integrado de todas las localidades.

El gobierno debe ser quien organice a la población o quien promueva su organización económica. La difusión de la economía integrada y su sistema operativo corresponde de inicio al gobierno para lograr la transición del capitalismo al integracionismo. Es el gobierno federal por medio de sus dependencias económicas quién entienda al sistema integracionista y lo difunda, porque está convencido de que es la mejor opción para la economía, ya que incluye a los otros sistemas económicos. Y después de esta convicción viene la consecuente difusión, explicación, planeación, realización de obras y operación del sistema económico integrado en colaboración con el sector privado y el sector social. Donde la atención prioritaria la tendrá el sector social, para motivar la formación de los individuos sociales y el sector social que es el motor del sistema económico integrado.

La economía funciona en cualquier sistema así, aun en la economía integrada: el de gobierno establece las formas de funcionamiento económico, la sociedad produce y el sector privado acumula capital con la plusvalía del trabajo. El gobierno nacional y solo el, es el que tiene el poder total para que la sociedad y la nación goce de la satisfacción completa de sus necesidades en general sin justificación porque el controla, estudia y opera la economía, la sociedad y las empresas solo participan. Lógicamente a través de sus dependencias tiene que hacer y lograr que todo funcione de acuerdo a sus estudios planeada y organizadamente.

Quien entiende la esencia dela macroeconomía sobre que este es así y, que cuando el gobierno nacional quiere que todo funcione a favor de la sociedad y desarrollo general lo logra porque de él depende todo. No depende del poder económico de las empresas poderosas por más que lo sean y menos de las opiniones de grupos políticos ni de organismos internacionales sean públicos o privados.

El crecimiento y desarrollo de una empresa no gubernamental es difícil, pero el desarrollo de una empresa del estado no lo es, ya que solo depende del estado y este es quien dirige a la nación, ordena y hace. no hay poder superior al poder del estado representado en la autoridad del gobierno nacional y cualquier otro argumento es una justificación declarada a favor de la falta de voluntad del gobierno nacional para lograr el desarrollo nacional.

cuando el gobierno nacional convenza a las partes de los beneficios generales e integrales de la economía integrada en la cual todos salen ganando y, ponga en marcha este sistema económico será realmente que esté cumpliendo el principio máximo del bien común y las partes estarán convencidas de las generosidades generales del sistema económico integrado pues es elemental entender que todo y todos somos parte de un sistema natural integrado donde cada acción individual afecta para bien o para mal a todo el sistema, a todo los demás individuos y partes.

por lo tanto si dentro del sistema económico integrado cada parte cumple con su función de acuerdo al estudio científico y al orden natural, todo el sistema social se beneficia y todo funciona armoniosamente, pues el aspecto económico estable y positivo verificado en la vida real de los individuos permite el desarrollo de sus capacidades plenas y la evolución de la sociedad global y de la especie humana, por lo tanto no hay ninguna razón válida para que el sistema económico integral no funcione.

LA PARTICIPACIÓN DEL SECTOR SOCIAL DE LAS NACIONES RICAS.

Pensemos en la población de países como los estados unidos; calculando en términos moderados que su población económicamente activa sea de cien millones de individuos. Si esos cien millones de individuos se convierten en individuos sociales y forman su sector social nacional con una aportación voluntaria fija de diez dólares mensuales. Tendríamos mil millones de dólares mensuales que se podrían invertir solidariamente como inversión social recuperable a mediano o largo plazo sin plusvalía o intereses en naciones pobres para crear infraestructura productiva de bienes y servicios y, generar empleos e ingresos y riqueza social.

Las naciones actualmente consideradas como ricas deben de mostrar un razonamiento colectivo maduro en favor de la globalidad que permita el establecimiento y desarrollo de la economía integrada que busca favorecer a todos y la evolución de la humanidad.

La población general de las naciones ricas deben entender su mayor compromiso con la globalidad por el hecho que solo ellos han sido beneficiados del desarrollo económico internacional y que si bien su bienestar como nación es en mucho debido a su capacidad de inventiva y desarrollo tecnológico, también se debe a la participación del trabajo de las naciones menos favorecidas en el reparto de la riqueza social y al consumo de estas naciones menos desarrolladas de los productos tecnológicos generados por las naciones ricas. y que esta condición de la producción tecnológica es vital para los individuos y para la humanidad y continuara siendo así pero el bienestar y el desarrollo integral de todos los pueblos e individuos es un derecho y una ley global que nada afecta a la vida de ninguna nación para mal sino todo lo contrario en la nueva conciencia colectiva global el uso pleno y científico administrado de los recursos del planeta permite la vida plena de todos los individuos y por lo tanto en la lógica común de la participación social global los individuos y las naciones que más recurso tienen también tienen más oportunidad, capacidad y responsabilidad de aportar y participar más en el desarrollo de la comunidad global.

Ese nivel de conciencia de participación es lo que permitirá a las comunidades de las hoy naciones ricas su integración por medio del sector social a la colectividad global y, con ello al desarrollo de todas las comunidades pues el flujo de capital financiero, de capital humano y capital tecnológico de las naciones ricas beneficiara a todas las comunidades.

si estamos integrados en organismos globales en todos los aspectos pero el principio máximo del bien común, de la protección y de la justicia solo se cumplirán cuando desaparezca el dominio injustificado de unas naciones sobre otras a través de la economía, porque la verdadera integración debe ser en igualdad de condiciones y de oportunidades para todas las naciones puesto que todas las naciones dependen unas de otras y, no se puede explicar la riqueza de unas naciones sin la participación de otras naciones proveedoras de mano de obra mal pagada que crea plusvalía al capitalista, de materias primas a precios de oferta y del consumo a precios de plusvalía de las naciones menos desarrolladas.

Esa condición debe ordenarse en este nuevo sistema económico integrado pero para esto los organismo no gubernamentales de la sociedad de las naciones ricas, aquellos que no buscan sino el bien común de la comunidad global tienen que hacer valer las leyes internacionales de los derechos humanos y presionar con acciones y con recursos legales al cumplimiento y ejecución de estas leyes para que las naciones ricas se comprometan a beneficiar a las naciones menos favorecidas.

Aparentemente el poder de las leyes lo tienen los poderosos económicamente, pero el poder de las acciones. De la presión y de los cambios lo tiene la fuerza de las comunidades.

LA PARTICIPACIÓN DEL SECTOR SOCIAL DE LAS NACIONES EN DESARROLLO.

El sector social de las naciones en desarrollo de cualquiera de que se trate tiene la fuerza de la unidad y la voluntad y eso representa el motor de su movimiento. Toda nación puede ser rica o pobre dependiendo de la organización de la colectividad, de sus sectores; El capital que representa la oportunidad para hacerse de satisfactores se crea a partir del trabajo y, por lo tanto cada individuo y comunidad tiene riqueza potencial que tiene que materializar a través del trabajo y a través de mercancías en general desde este enfoque simple no existe en potencia ni debe existir individuo ni nación pobre o subdesarrollada.

Toda nación es pobre porque su gobierno nacional no ha querido o no ha podido lograr el objetivo para el cual fue creado de garantizar el desarrollo social y, esto no tiene justificación aunque si tiene diferentes explicaciones que son más que nada pretextos o excusas de los gobiernos nacionales que favorecen a sus mismos integrantes de la clase política, a integrantes de la clase empresarial nacional y/o extranjera antes que al pueblo que lo puso para servirle.

Toda nación es pobre cuando no logra tener la capacidad de confianza para organizarse para resolver sus problemas y necesidades. Ya que no hay obstáculos ni pretextos para lograr el desarrollo y el bienestar de los individuos y de los pueblos y cualquier otra opinión es tendenciosa. Para lograr el desarrollo y bienestar de cualquier nación se requiere de talento del recurso humano que es el trabajo y la preparación, recursos naturales, capital que ponga en movimiento a los demás elementos y sirva como forma de cambio de valor entre los demás elementos y, también se requiere de tecnología que da el valor máximo económico.

Todos los pueblos tienen en mayor o menor grado todos estos elementos entonces ¿porque no se logra el bienestar y el desarrollo nacional? lo que falta a los pueblos actualmente considerados por sí mismos como pueblos subdesarrollados es su integración y participación como sociedad nacional. Si no se da esta integración a través del sector social nacional seguirá la creencia de la incapacidad propia para lograr el desarrollo seguirá la creencia de la falta de capital activar y mover a la economía nacional, cuando es simple saber que el capital está representado por el trabajo y, el trabajo lo tiene en sí mismo cada individuo no los empresarios.

Lo que da riqueza y plus valor a las mercancías en general es el trabajo humano. Lo que tienen que hacer los sectores sociales de los pueblos actualmente subdesarrollados es convertir ese trabajo potencial en una mercancía tangible para el consumo humano y, de ahí ya se tiene capital. Las naciones subdesarrolladas no deben estar esperanzadas de la ayuda de los organismos internacionales ni de las naciones ricas, aunque esto tiene que suceder y darse en el sistema económico integrado. Tienen que ser capaces de organizarse con los recursos que cuenten para crear capital y en primera instancia ser capaces de proveerse de sus propios satisfactores para cubrir todas sus necesidades y, en segunda instancia ser capaces de producir satisfactores y por lo tanto capital para intercambiar complementariamente con otras naciones de acuerdo a su especialización y ventajas económicas. De esta manera no hay explicación para que existan pueblos pobres sino únicamente pueblos desorganizados.

En la actualidad por el beneficio de la globalidad e intercambio y movilidad de individuos en todos los países existe la posibilidad de mejorar aun con se carezca de algunos recursos naturales. Existen países que viven en los grades desiertos o en las tundras, en climas y condiciones naturales extremas con carencia de ciertos recursos naturales necesarios para la vida social plena, pero esto se compensa con la capacidad tecnológica para enfrentar esta falta de recursos o con las existencia de otros recursos naturales que representan riqueza o también con la capacidad de especialización del talento del recurso humano a través del trabajo calificado.

Todo individuo tiene la capacidad natural de vivir con lo que tiene y, en el caso del ser humano este tiene la capacidad de producir y cambiar mercancías para cubrir y complementar sus necesidades sociales. La capacidad de la generación de riqueza, bienestar y desarrollo no depende de nada ni de nadie más que del propio pueblo a través de su capacidad de organización para producir y vivir.

COOPERATIVISMO SOCIAL O COMUNITARIO.

El cooperativismo social o comunitario es la forma de organización, integración y participación de los individuos sociales globales en la economía y, en la solución de sus necesidades y problemas económicos ya sea produciendo sus propios satisfactores básicos o creando empresas sociales para la producción de satisfactores para otras comunidades con problemas y necesidades económicas.

Este modo de organización es semejante a las tradicionales empresa cooperativas en su organización de participación y trabajo directo de sus integrantes, pero los objetivos y las formas especificas cambian el objetivo del cooperativismo social es funcionar sin ganancias y solo con márgenes de recuperación para la propia empresa social y no para los socios, que se organizan con el propósito de solucionar los problemas y necesidades básicos de su propia comunidad y de otras comunidades a través de empresas sociales y de fondos sociales que buscan generar fuentes de empleo al mismo tiempo que bienes y servicios que permitan que todos los individuos de todas las comunidades cubran todas sus necesidades básicas.

Estas empresas sociales y fondos sociales basados en el cooperativismo social global se generan por el sector social de las comunidades por medio de los fondos de participación de los individuos sociales globales que son aquellos que por convicción y voluntad propia se organizan y participan directamente en la producción económica de bienes y servicios básicos, no buscan beneficios económicos para sí mismos como grupos como lo hacen las tradicionales empresas cooperativas que en realidad ni son cooperativas, pero que tienen su derecho y oportunidad de seguir funcionando si la propia dinámica del sistema económico integrado lo permite de manera natural, ya que todo cambiara para beneficio de todos .

Y toda comunidad de toda nación tendrá derecho a organizarse en sectores sociales para crear por medio del cooperativismo social fondos o empresas sociales para el bienestar y desarrollo de la comunidad en la forma de la producción de fuentes de empleo y de bienes y servicios básicos.

El cooperativismo ha sido por tradición histórica la forma donde se conjuntan la voluntad y la unidad de los grupos sociales para crear empresas donde los propios socios trabajen, es decir los beneficios son solo para los socios cooperativistas de esa empresa, en cambio en el cooperativismo social los beneficios económicos contrariamente al cooperativismo tradicional no son para los socios cooperativistas, sino que son para los individuos que trabajan en las empresas sociales y para los consumidores de sus bienes y servicios pues los precios de estos satisfactores están hechos para que estén al alcance de todos los individuos y no para generar ganancias para un grupo como sucede con las empresas cooperativas tradicionales.

TRANSICIÓN DEL SISTEMA ACTUAL AL INTEGRACIONISMO.

En las condiciones actuales la aplicación del integracionismo económico inicia con la intervención directa del gobierno federal involucrar al sector social; con esto las condiciones económicas no se afectan negativamente: se extienden y mejoran, ningún elemento es afectado o perjudicado. Se establece el sistema económico a partir de las condiciones existentes, una vez establecido este sistema económico, la sociedad global muta o emigra a una nueva forma de organización que será explicada en una próxima obra de mi parte. Y para que este cambio global sea posible, es necesaria una nueva cosmovisión que fundamente lo social y lo económico, que será explicada en otra obra de una serie de tres obras.

Nada está exento de perfeccionarse y nada es imposible de solucionarse, bajo estas premisas se considera en el sistema económico integrado que la sociedad global debe de reconocer organizadamente en consensos sus problemas, las causas de sus problemas y la voluntad de solucionarlos cediendo para esto y cambiando todo lo que influya o cause los problemas. Por lo tanto es una necesidad irremediable cambiar el sistema económico y el modo de pensar y de vivir para solucionar los problemas económicos y así continuar con la evolución humana.

Este cambio progresivo tiene que ser parte de la capacidad humana inteligente de forma natural y convencida y, no como una imposición de grupos y de gobiernos como lo han sido los sistemas económicos capitalista y socialista. Ya que las propias características del sistema económico integrado es la base científica ordenada y coherente que muestra los beneficios del orden natural, todo organismo inteligente se aferra a la vida y busca sobrevivir y vivir, es un instinto natural y en el caso de los seres humanos y en general de la humanidad como un organismo vivo su inteligencia colectiva le debe permitir adaptarse a nuevas y mejores condiciones y formas de vida.

El capitalismo aportó el desarrollo científico y tecnológico por medio del sector privado y la libertad de competencia por medio de las libertades individuales. El socialismo aportó la posibilidad de la organización colectiva y la aseveración de que la sociedad humana sigue las leyes del cambio universal y el integracionismo lleva a efecto las prácticas de los principios de beneficio social tanto del capitalismo como del socialismo en lo real y no solo como letra de manera total y complementaria, como una forma superior de evolución de la sociedad humana que tiene que irse detallando y perfeccionando, seguir evolucionando a partir del trabajo unificado de la ciencia como una visión integrada del funcionamiento del orden del universo.

Las aportaciones a beneficio del desarrollo social tanto del capitalismo como del socialismo permanecen, se ponen en práctica y se perfeccionan y, los aspectos negativos de los dos sistemas económicos anteriores desaparecen y solo quedan como parte de la conciencia histórica que permite el aprendizaje y la evolución.

Están puestos todos los elementos para que se establezca el sistema económico integrado solo falta la voluntad para hacerlo. No existe una condición o momento especifico que se requiera para que pueda establecerse la economía integrada, al contrario existen todas las facilidades que aporta el trabajo científico para que su establecimiento ocurra ya, la sociedad en sus demandas de satisfactores está requiriendo de esta instalación y tiene todas las facilidades para que se pueda ejecutar de manera planeada y ordenada y no solo como un proyecto.

ECONOMÍA SOCIAL.

Por economía social vamos a entender a partir de ahora todo el conjunto total de participación de la comunidad o la sociedad civil en las tareas económicas desde la colaboración con el gobierno en análisis de proyectos y problemas estructurales y coyunturales y de infraestructura, como también en la planeación a través de las instituciones no gubernamentales y la organización de proyectos y estudios de viabilidad y de impacto general, al igual que con la iniciativa privada.

La economía social se refiere a la intervención del pueblo en general en las tareas y atención al logro de la satisfacción de sus necesidades comunitarias como localidad, como entidad, como nación y como humanidad. La participación unida y organizada voluntaria de recursos humanos y económicos de los ciudadanos para crear infraestructura laboral en la localidad cuando el gobierno o iniciativa privada no atiende esas necesidades sobre todo por incapacidad financiera.

Esta participación organizativa, productiva, comercializadora, consumidora, creadora de infraestructura económica laboral en la localidad, primero con la asesoría de las dependencias de gobierno y sus propias organizaciones no gubernamentales, representa el elemento más importante y activo de la economía integrada, porque es la que va a atender de manera directa e inmediata las necesidades económicas de una comunidad o localidad, complementada con el gobierno local, de la entidad y del gobierno federal y, en determinados aspectos puede planear con el gobierno y con la iniciativa privada e invertir y producir de manera independiente.

Es la parte que activa el mejoramiento, crecimiento y desarrollo general de una comunidad en cuanto a todos sus habitantes de forma directa en donde quiera que se encuentre. Y se refiere a considerar que el bienestar de una comunidad no es responsabilidad únicamente del gobierno ni de la iniciativa privada, ya que la comunidad local posee recursos humanos y económicos al igual que un conocimiento más preciso de sus necesidades y de la forma de satisfacerlas.

Recordemos que dentro de la economía social como participación comunitaria, hay elementos más valiosos en el sentido de interacción social y dinámica de grupos, que pueden y deben hacer más eficaz y eficiente el trabajo en coordinación con la reglamentación y procesos oficiales del gobierno y, si es necesaria una autoridad externa a la comunidad.

La economía social puede representar la forma en que la misma comunidad se organiza y se autoemplea o crea la infraestructura o actividades con sus propios recursos y con el apoyo técnico, de procesos oficiales y de recursos económicos del gobierno y de la iniciativa privada, la economía social significa y requiere del interés de la comunidad en la participación directa de la solución de sus problemas y necesidades materiales. Y de la dirección oficial de las autoridades e instituciones gubernamentales de los tres niveles, al igual que de la intervención del capital privado.

La dimensión de la economía social se la da la participación del sector social y, en el sistema de economía integrada la mayor importancia para corregir o llenar los espacios que no alcanzan a atender los sectores públicos y privados, lo tiene el sector social, es realmente la economía social el elemento activo de la economía integrada, ese elemento que marca la diferencia ante los demás sistemas económicos y del que depende el valor de la economía integrada, así como del éxito para la consecución de los objetivos de los modelos y planes económicos en concreto, y del equilibrio global en general.

EL SECTOR SOCIAL O INICIATIVA SOCIAL.

Este sector está formado por todos los ciudadanos de una comunidad y más específicamente por los que participan de manera voluntaria en la atención de las necesidades locales. En el análisis de los problemas comunitarios, la planeación de proyectos de solución, tramite de gestión de apoyos para solucionar los problemas ante el gobierno ya sea local, de la entidad o federal, o en la aportación directa de recursos económicos como inversionista solidario o comunitario de la sociedad civil.

Dentro del sector social están considerados todos los individuos de la comunidad que participen colectivamente en la solución de las necesidades económicas, es decir el pueblo en general incluyendo a individuos que formen parte del gobierno o de empresas privadas pero que participen colectivamente como personas físicas que son parte de una comunidad o localidad, ósea de la comunidad en general el sector social económico está formado por los individuos que voluntariamente participen en la solución directa de los problemas y necesidades económicas de su comunidad o localidad, no es el pueblo en general, su inclusión depende de su participación.

Este sector aporta a la economía en general la responsabilidad del bienestar, crecimiento y desarrollo económico y general de toda la comunidad por lo cual es el sector más importante de la conformación general de la actividad económica en cuanto a la atención de la propia comunidad o localidad.

Los individuos de este sector cuentan con un alto grado de sentido de pertenencia, responsabilidad, compromiso con su comunidad y sentido de solidaridad y sentido común y practico de no dependencia de instancias gubernamentales en todos los aspectos cuando la atención y solución de los problemas económicos no es inmediata, y cuentan con la visión práctica de la unidad de esfuerzo colectivo en todos los sentidos para resolver los problemas económicos comunitarios, entendiendo que no hay recursos suficientes de ningún gobierno ni de ninguna empresa por poderosa que sea para atender a todos los individuos de todas las localidades en todas sus necesidades.

El sector económico social no es lo mismo que la comunidad o la sociedad civil, es la parte de la comunidad o sociedad civil que se involucra directamente como inversionista colectivo, solidario o comunitario en la creación de fondos para la creación de infraestructura de desarrollo productivo, pero depende del grado de identificación e integración de la comunidad en el sector social para que sus alcances sean a nivel local, estatal o internacional. Al igual que el propósito de sus obras que pueden ser únicamente de infraestructura económica o bien abarcar más áreas.

Dependiendo del ahorro interno de la comunidad pueden ser los alcances del sector social. Por ejemplo en el caso de comunidades de países ricos, el sector social de una determinada comunidad que ya tiene satisfechas sus necesidades económicas locales, puede aplicar su inversión a otras localidades de otras entidades o aún más, a otras localidades de otros países.

El sector económico social significa la madurez de la comunidad en la participación comunitaria, la formación y organización de un grupo con fuertes lazos de compromiso e interés colectivo y solidario. Su participación como inversionista directo no está basada en la competencia u obtención de plusvalía igual que el sector privado para la concentración o acumulación de capital, sino satisfacer las necesidades de creación de empleos principalmente y, colaborar con el gobierno en la creación de infraestructura productiva para la estabilidad y equilibrio macroeconómico, bajo la forma de los fondos sociales o comunitarios pueden apoyar las grandes obras que el sector público y privado nacional no pueden cubrir, o que al intervenir el sector privado ya sea nacional o extranjero acarrea para la nación y por lo tanto para las comunidades deuda y compromisos y desajustes económicos en la construcción de grandes obras publicas el gobierno realiza el estudio y los proyectos e impactos y participa con la inversión pública en colaboración con el sector social como inversionista en el pago de la obra a la iniciativa privada que es quien realiza la construcción de la obra porque tiene la tecnología necesaria para su ejecución.

Con la participación del sector social en la economía integrada a través de sus fondos comunitarios o colectivos de promueve la igualdad y la posibilidad de la movilidad social vertical o de clases, ya que la comunidad aporta los recursos en la forma de fondos colectivos o sociales para la creación de obras de infraestructura productiva, es decir genera trabajo directamente y servicios públicos que incluyen la participación de individuos del mismo sector como trabajadores y como usuarios, al igual que al resto de la población de la sociedad civil.

Los fondos sociales pueden además de asociarse con el sector publico principalmente para la creación de infraestructura, pueden incluso tomar la forma de inversión social recuperable sin plusvalía como programas sociales de la sociedad civil. Siguiendo la semejanza del modelo de programas sociales gubernamentales de proyectos sociales que apoyan proyectos productivos autosustentables o de autoempleo y, solo recuperan la inversión sin plusvalía. En el caso de los países extremadamente pobres que no tienen capital comunitario, pero que cuentan con el recurso humano, los fondos sociales de los países ricos pueden tomar esta forma de apoyo a programas productivos de recuperación del capital a mediano y largo plazo de acuerdo a la magnitud de la inversión.

La participación de la inversión social o fondos sociales del sector social puede tener la forma de inversión directa en el financiamiento de obras de infraestructura o, bajo la forma de inversión indirecta como préstamos o como fondos para programas sociales. De una o de otra forma el sector social está destinado a generar bienestar directo a la comunidad de la que salen los fondos comunitarios, así como a todas las demás comunidades que sean posibles. Por medio del ahorro interno de las propias comunidades en forma de aportaciones bajo recibo de aportación voluntaria para llevar un control del capital con la intervención de las autoridades hacendarias del gobierno.

El sector social es el elemento activo de la economía integrada, es la parte que le imprime dinamismo a la economía. Este sector que se forma dentro de la sociedad civil, puede empezar a formarse a partir de las actuales condiciones socioeconómicas. A nivel de comunidad a través de proyectos productivos de generación de fuentes de trabajo en las localidades donde hay marcados contrastes socioeconómicos, principalmente en las ciudades con cinturones de miseria aun en países o regiones ricas, o en la mayoría de los casos en los países subdesarrollados, para generar y fomentar la igualdad de oportunidades, la igualdad social y, con ello disminuir hasta el grado de eliminar la delincuencia organizada con origen en el desempleo masivo y en la falta de oportunidades de desarrollo personal .

Con esto se plantea la posibilidad real de que las comunidades locales mejoren si así lo quieren y se organizan con sus propios esfuerzos y recursos ya sean económicos o humanos sus condiciones generales de vida como individuos y como comunidad, o con la gestión propia para obtener la inversión o fondos de otras comunidades en las formas de obras públicas, programas sociales, proyectos productivos u obras de beneficio público.

El sector social tiene el compromiso de atender primeramente la generación de empleos en la localidad, para lograr la igualdad social ya sea en la propia localidad o en otra, en colaboración con el sector público y con el sector privado, de acuerdo a las ventajas económicas de la comunidad como su formación laboral, es decir del recurso humano, pero también de los recursos naturales de la localidad.

LA FUNCIÓN DEL SECTOR PÚBLICO.

Dentro de la economía integrada el sector publico representado por la inversión gubernamental debe estar destinada a la creación de infraestructura de servicios públicos obligatorios por parte del gobierno como la educación, la salud, la vivienda, el deporte, la cultura, el esparcimiento, la ciencia y la tecnología, en los primeros es obligación constitucional del estado su otorgamiento y en las demás es compartida la responsabilidad de otorgarlo, por lo tanto ahí pueden participar el sector privado y el sector social.

El sector público debe estar canalizado hacia las grandes obras de beneficio social a nivel nacional como lo es la creación de fuentes de trabajo con la participación del sector privado y del sector social. Es decir la inversión pública está destinada a las grandes obras de energía como la electricidad, el agua, drenaje, recolección y procesamiento de los desechos urbanos principalmente. Pero según el grado de estrategia estatal, el sector público se puede asociar con el sector privado y el sector social para la creación y la administración de estas obras y servicios públicos. En el caso de la creación de fuentes de trabajo es obligación del estado proporcionar trabajo a todo individuo y en esta responsabilidad necesita de la inversión del sector social y del sector privado.

La función del estado en esta responsabilidad es estudiar las necesidades de trabajo de determinada comunidad, analizar sus ventajas económicas y las oportunidades de desarrollo local, regional, estatal, nacional e internacional. Y de acuerdo a estos estudios invitar al sector social y al sector privado a invertir en los proyectos de la localidad.

Las autoridades de gobierno deben ser las responsables de la canalización de los intereses y necesidades de los individuos del sector social para su conformación. Dependiendo del grado de cohesión colectiva en el sector social el gobierno debe atender sus reclamos y análisis de necesidades materiales principalmente, asesorar, gestionar la solución de sus problemas con dependencias públicas o en su caso oficializar la integración y el funcionamiento del sector social. Desde la formación, sus formas de funcionamiento y el manejo de sus recursos. Por medio de fondos o inversiones sociales sin fines de lucro pero que generen recuperación de recursos para la creación de más obras, estos fondos serán controlados por la dependencia gubernamental encargada de la economía de manera transparente y, las aportaciones voluntarias de los integrantes del sector social no afectaran el pago de impuestos para no afectar los ingresos públicos ya previstos en los presupuestos anuales.

El sector público es la parte activa de la actividad económica de un país que está enfocada a la inversión y producción directa de infraestructura principalmente para que se puedan desarrollar los demás sectores y todas las actividades económicas. Pero también está encargado del otorgamiento de servicios públicos como parte de sus obligaciones hacia las necesidades sociales y, de esta forma garantizar de manera directa o indirecta que los servicios públicos y sociales estén al alcance de toda la población. Es decir el sector público a diferencia del sector privado no trabaja con ganancias o plusvalía que permita beneficios para grupos preferenciales sino que los beneficios deben de ser el acceso de estos servicios para toda la población y en segundo plano la reinversión de los recursos obtenidos por la venta de estos servicios a mejorar el propio servicio o a la reinversión en otros servicios igual de importantes y necesarios para la población.

LA FUNCIÓN DEL SECTOR PRIVADO.

El sector privado representa la inversión o el capital acumulado de grupos de individuos que requieren poner a trabajar ese capital para seguir generando plusvalía y ello contribuir en el desarrollo social principalmente en áreas de ciencia y tecnología más avanzada que requiere una inversión creciente y constante.

Al igual que el sector social de ellos depende en la teoría de la economía integrada y en el sistema económico integrado o integracionista, la inversión más amplia en todas las localidades humanas en todos los rubros económicos bajo la dirección del gobierno y como capitales complementarios del capital público.

Los individuos como personas físicas pueden ser parte opcional del sector privado o del sector social o de ambas. El sector privado es actualmente quien posee la concentración del capital financiero, cuando en realidad el monto mayor de este capital es de origen social proveniente de la sociedad civil. Sin embargo la importancia de las instituciones financieras como los bancos actuales no desaparece en la economía integrada, solo se modifica y se complementa con los fondos sociales como forma de inversión pública en grandes obras de beneficio colectivo.

Los bancos siguen siendo función del sector privado y del sector público... pero ahora existen los fondos sociales también para obras públicas y beneficios públicos como programas sociales del sector privado solamente. Es decir el interés y la función del sector social están destinados al interés colectivo de la sociedad civil y no a intereses individuales o particulares como en el caso de los bancos e instituciones financieras privadas, el sector privado tiene su importancia especifica pues es quien arriesga su capital y apoya tanto al desarrollo social como al desarrollo particular de los individuos.

Este sector es quien apoya y patrocina tradicionalmente los eventos artísticos y deportivos, el entretenimiento en general. Los grandes eventos masivos y la carrera de artistas y deportistas de elite, al igual que al talento científico y al desarrollo de proyectos y tecnologías. En el desarrollo de talentos y tecnologías así como en la preservación del medio ambiente y de lenguas y tradiciones también el sector social puede destinar fondos y crear organismos autónomos o no gubernamentales para su atención y desarrollo, no solo en su cuidado.

El funcionamiento del sector privado no se ve afectado con la aparición y la intervención del sector social, sino al contrario se ve complementado y beneficiado ya que por decir un caso solamente como ejemplo: los fondos sociales del sector social garantizan y facilitan los contratos pagaderos en forma puntual por los gobiernos en obras nuevas. Al igual que garantiza la inexistencia de financiamientos o préstamos a largo plazo de difícil ejecución o recuperación del capital, o de plano la existencia de deudas impagables por países en desarrollo.

Este sector es el fuerte en capital a través de la inversión privada para la realización de construcción de grandes obras públicas y, es quien tiene la tecnología suficiente ya que el mismo desarrolla para la realización de estas grandes obras. La participación histórica del sector privado y sus aportaciones al desarrollo de la sociedad global y del género humano es evidente, su papel en el desarrollo de la ciencia y la tecnología y los grandes avances de la humanidad ha sido protagónico y ha llevado la mayor parte y gastos de dichas actividades y, así deberá seguir haciéndolo para beneficio del desarrollo social, los aspectos negativos del sector privado deben de desaparecer para dar paso al desarrollo social y, estos aspectos son que no intervenga en la producción de bienes y básicos porque de cualquier forma su interés de obtener ganancias lo harán perder y desaparecer frente a las empresas sociales que en sus precios accesibles mostrara su intención de poder llegar a todos los individuos.

Su función será enfocarse a la banca de financiamiento, al desarrollo científico y tecnológico y a la producción de bienes y servicios tecnológicos o de tecnología avanzada. Por lo tanto los grupos privados dedicados a los bienes y servicios básicos se tendrán que reubicar de forma natural para poder ser parte de la nueva dinámica económica.

EL CAPITAL SOCIAL

Por capital social se entiende en la economía integrada al conjunto de recursos financieros reunidos y aportados por el sector social. Este capital es el ahorro social o el ahorro interno del sector social o fondos sociales que puede expresarse en forma de inversión social a través de depósitos voluntarios individuales periódicos mensuales destinados a un fondo social recuperable a mediano o largo plazo que se convierte en inversión pública al financiar grandes obras publicas de importancia estatal, nacional o mundial., o bien que estos depósitos individuales controlados con recibos de bancos a una cuenta única de la dependencia gubernamental económica puedan ser donativos sociales individuales si así lo decide el aportador individual.

La inversión social de origen se convierte en inversión pública de destino bajo la forma de certificados de inversión social, como ahorro a mediano o largo plazo que el gobierno se compromete documentalmente a devolver al valor actualizado de la moneda oficial, si así lo quiere el fondo en general o el ahorrador individual respecto a su ahorro o aportación.

El gobierno a través de la cuenta concentradora del fondo social llevara un control del monto total y del monto individual para realizar la posterior devolución del fondo individual y social a valor actualizado. El capital social representa la participación del sector social para apoyar al gobierno en la solución de las necesidades colectivas y puede ser igual de cuantioso o más que el capital público y que el capital privado, dependiendo del ahorro interno de la comunidad y del nivel de confianza y compromiso de los individuos como comunidad en el bienestar general.

El capital social presenta las formas de ahorro social o comunitario y, también puede tomar la forma de fondo social, el fondo social se puede usar como inversión social en obras de infraestructura productiva pública o como inversión social autosustentable enfocada a programas sociales productivos, o en la forma de fondos sociales de beneficio público.

El capital o inversión social representa la aportación del sector social a la solución de los problemas y necesidades de la comunidad. Es el conjunto de los capitales de los individuos sociales globales que le confieren fluidez a la economía de la comunidad y prefieren y dan prioridad a ser capital activo social que mantener a ese capital como capital acumulado en la forma de bienes o servicios, de ahorro o de inversiones en empresas privadas o inversiones en instituciones públicas. Sin temer a ningún riesgo, porque de hecho el capital social está asegurado a su éxito, ya que el éxito de dicho capital está asegurado en la creación de fuentes de empleo directo y en la forma de consumo de los bienes y servicios básicos de las empresas sociales del sector económico social, ya que es una empresa de la comunidad para la comunidad, o del pueblo para el pueblo para las clases necesitadas o para las comunidades necesitadas. Sin tener nada que ver con la economía mixta que dicen tener algunas naciones donde la comunidad solo tiene trabajo mal remunerado que no le permite el acceso a todos sus satisfactores de todas sus necesidades básicas.

El capital social representa la voluntad materializada de la sociedad por medio del sector social para beneficiar a la comunidad en sus clases necesitadas. Este capital como no persigue fines de lucro está libre de impuestos y es controlado por las autoridades económicas del gobierno nacional en forma permanente con transparencia, rindiendo cuentas al sector social de su administración.

Este capital no produce impuestos al gobierno nacional y esto no significa pérdidas de ingresos nacionales porque puede usarse directamente en empresas sociales o en inversión social publica ayudando al gobierno o en la forma de crédito social autosustentable. En los tres casos anteriores el capital social es un capital activo que genera trabajo y bienes y servicios básicos para la población necesitada a precios accesibles sin ser una forma o institución de beneficencia social sino para colaborar con el gobierno nacional en la atención de las necesidades básicas de la población mas necesitada. Pero también el capital social puede tener la forma de aportación social a las actividades culturales y deportivas de la comunidad y, en todos los casos representa ingresos que finalmente llegaran a las empresas privadas, a los bancos y al gobierno.

Los impuestos de trabajo de las empresas sociales son los únicos ingresos que bajo la forma de impuestos generan el capital social en la forma de las empresas sociales por lo tanto en el sistema económico integrado se constata que todas las partes se benefician y en general la sociedad crece y se desarrolla en igualdad de oportunidades.

INVERSIÓN SOCIAL PÚBLICA.

Bajo el análisis de estudios de necesidad de creación de grandes obras energéticas o productivas locales, estatales, nacionales o internacionales, el sector social aporta su fondo social como inversión financiadora para la realización de dichas obras que requieren grandes capitales, como es el caso de plantas energéticas, infraestructura de comunicación, etc.

La inversión social pública es la parte, o forma originada por el sector social y dirigida al gobierno para que este la invierta en la infraestructura pública que haga falta en la comunidad local, regional o nacional. Está destinada a llenar los vacíos de falta de fuentes de trabajo y de la construcción de las grandes obras de infraestructura pública como fuentes de energía, carreteras, puertos, aeropuertos, puentes, etc.; obras que requieran grandes cantidades de inversión y que el gobierno no cuente con el suficiente capital para llevarlas a cabo.

Se pueden manejar como una aportación del sector social o donativo sin deducción de impuestos para no afectar la captación de ingresos del gobierno nacional, o también se puede manejar como un préstamo del sector social al sector público sin intereses y a un plazo de devolución mediano o largo dependiendo de la cantidad de la inversión. En todos los casos la bondad de la inversión social pública se ve reflejada en el apoyo invaluable de la sociedad organizada hacia el gobierno nacional para cumplir con el logro del bienestar y desarrollo nacional de una manera más fácil y que da la oportunidad al gobierno nacional de cumplir con sus propósitos y, al mismo tiempo da la oportunidad a la sociedad de identificarse, organizarse e integrarse para la participación social y la solución de sus propios problemas y necesidades.

La inversión social pública, es la concesión del sector social al gobierno nacional para que invierta en la creación de empresas estatales o servicios públicos. Es un acto de buena voluntad del sector social que le deposita la confianza plena al sector público en la administración de su capital, reunido por las aportaciones voluntarias de los individuos sociales globales para la atención de las necesidades básicas.

El gobierno nacional está obligado a hacer buen uso del capital social y el sector social está facultado de supervisar en todo y cualquier momento la buena administración de este capital que le corresponde. Porque es una colaboración invaluable de parte del sector social hacia el gobierno nacional para cumplir con su función y responsabilidad de servir a la nación en la creación de fuentes de trabajo, en la producción de bienes y servicios y en la creación de infraestructura social de bienestar general para las comunidades. Con esto se cumple de parte de la sociedad representado por el sector social y de parte del gobierno nacional el principio del bien común.

La inversión publica en cualquiera de sus formas sea social o estatal tiene siempre la misma intención de brindar la satisfacción de las necesidades básicas establecidas en los derechos humanos por medio de las leyes nacionales e internacionales. Por esta razón esta inversión tiene un carácter primordial y vital para la nación y la sociedad.

INVERSIÓN SOCIAL AUTOSUSTENTABLE.

El sector social puede financiar proyectos de particulares o de comunidades que sean autosustentables o de recuperación de capital ha mediado o largo plazo, enfocados a la generación de fuentes de empleo, es decir enfocados a la actividad productiva o de servicios bajo la forma de programas sociales.

La inversión social autosustentable está dirigida con la administración y control del gobierno nacional al fomento y apoyo de los individuos que crean sus propios empleos es decir para fomentar el autoempleo, los talleres familiares y hasta a las empresas privadas que se consideren necesarias para los bienes y servicios especializados o de desarrollo de ciencia y tecnología.

Consiste en que por medio del capital social del sector social y con la intervención administrativa del gobierno nacional se otorgue un crédito con intereses de acuerdo a las instituciones estatales o privadas ya que están generando capital para los que reciben y utilizan estos créditos. Pero estos ingresos de los intereses no van a la acumulación de capital del sector social ya que no existe dicha acumulación sino que se pueden reinvertir por el mismo sector social en nuevas empresas sociales, en inversión social publica, en empresas autosustentables o aportaciones sociales, o puede aportarse al gobierno nacional para su inversión en cualquiera de las formas que tenga para beneficiar a la sociedad en su conjunto.

Esta inversión es complementaria al financiamiento del gobierno nacional a través de la banca de desarrollo y del sector privado a través de la banca privada. Y se ordenara de manera natural junto con la banca estatal y la banca privada para lograr el apoyo de la creación de empleos, proyectos y producción de bienes y servicios en general siempre que sean de beneficio social para el mayor número de individuos y comunidades sus intereses estarán fijados por la ley de la oferta y la demanda natural igual que cualquier mercancía y, en este caso de la inversión social autosustentable tendrá el atractivo que no necesitara de los requisitos tradicionales de los créditos de la banca privada o de la banca estatal porque su cumplimiento de pago y la concesión del crédito estará asegurado por el gobierno nacional en las leyes que sancionaran como delito de abuso de confianza o fraude su incumplimiento cuando este sea por causas de irresponsabilidad, significa que toda forma de capital social debe estar garantizado y protegido por el estado por medio del gobierno nacional en sus leyes porque esto garantiza a la vez la continuidad de los beneficios del capital social a la sociedad y su recuperación y reinversión en nuevas empresas, obras y proyectos sociales.

Solo es importante el capital cuando es un capital activo y genera actividad y movilidad económica y social. Cuando participa en el dinamismo de la sociedad fomentando y apoyando la inquietud y necesidad de crear bienes y servicio como nuevos trabajos bien remunerados y productos y servicios de calidad y accesibles a todos los individuos de todas las comunidades.

FONDOS SOCIALES DE BENEFICIO PÚBLICO.

A este rubro del capital social corresponde la inversión no recuperable con fines de beneficio público como serian la construcción de espacios públicos de cultura, deportivos, de recreación y los apoyos en especie a los talentos educativos y desarrolladores de ciencia y tecnología, así como el apoyo a la creación artística y conservación, fomento y difusión de tradiciones y costumbres de manera autónoma o en colaboración con el sector público y el sector privado, la inversión social está destinada prioritariamente a la generación de fuentes de empleo en las comunidades donde no exista en número suficiente o en cuanto a la capacidad adquisitiva plena de sus ingresos .

Este objetivo se cumple con el financiamiento de obras públicas productivas. Pero además la inversión social se puede destinar al financiamiento de obras de infraestructura de consumo social como serian tiendas, salas de cine, estaciones de combustibles. Los fondos sociales de beneficio público es la forma del capital social que esta destinada al gobierno nacional, regional o local para la realización de obras públicas de beneficio colectivo como sería el caso de la construcción de obras de infraestructura económica, educativa, de vivienda, cultural, en los casos en que el propio gobierno no puede realizar dichas obras con sus propios recursos y, en los casos en que los integrantes del sector social consideren conveniente la donación de su capital al gobierno para la realización de dichas obras. Porque es un apoyo complementario por ejemplo en el caso de los sectores sociales de las comunidades, regiones o naciones más ricas a los gobiernos más necesitados o con más carencias.

Estos fondos son una donación del capital específico del sector social destinado al gobierno para emplearse específicamente en una necesidad específica identificada por los integrantes del sector social, por la comunidad o por el gobierno. Los fondos sociales los otorga el sector social con el estudio de las necesidades de la comunidad considerada y, es por medio del gobierno que se otorga a la comunidad como una aportación o donación de capital a la misma sociedad o comunidad necesitada sin quitarle la responsabilidad al gobierno de utilizar sus recursos en favor de la sociedad.

74

Decía de la capacidad de los sectores sociales de las comunidades más ricas en cuanto a todo lo que pueden beneficiar a las comunidades más necesitadas sin llegar al grado de hacerlos parásitos o dependientes económicos, porque los fondos sociales de beneficio público se tienen que materializar en una obra colectiva, no se tienen la forma de capital en efectivo, para no caer en la situación de malversación de recursos, desvíos, fraudes, el gobierno de la comunidad beneficiada recibirá la obra terminada si es el caso y no los recursos como capital en efectivo.

Por lo cual es inimaginable el beneficio en general que puede recibir una comunidad por medio del capital social en sus diferentes formas y, en este caso específico de los fondos social de beneficio público en comunidades altamente necesitadas.

EL SENTIDO COMÚN Y PRÁCTICO DE LA ECONOMÍA INTEGRADA.

Los individuos podrán convencerse del valor y la validez de este sistema porque no pierden nada y si se gana mucho: con la creación masiva de trabajo se disminuye primero y se elimina después la delincuencia por necesidad económica. Todo individuo que aplique su sentido común y práctico al aspecto económico puede entender y ver que si todo es parte de un sistema sincronizado armoniosamente, significa que el funcionamiento de una parte incide y es necesario para el funcionamiento de todas las demás partes del sistema como un todo, si una parte o cada parte está haciendo su función especifica significa que todas las demás partes deben funcionar correctamente y, la función general del sistema se cumple correctamente.

Pero si no existe un estudio científicamente elaborado de forma interdisciplinaria e integral para saber cuál y como debe ser la función y el funcionamiento del sistema en general y, la función específica de cada una de las partes del sistema, desde ahí no puede haber ni esperarse un beneficio y un orden del sistema, porque de hecho no se puede hablar de un sistema en una circunstancia donde realmente no hay un sistema como tal porque no hay una integración de las partes, ni un conocimiento, estudio, planeación y mucho menos un funcionamiento coordinado que todo esto es en sí un sistema.

Un funcionamiento estudiado, planeado, sincronizado y armonioso donde todas las partes funcionan al mismo ritmo y con el mismo sentido y en el mismo sentido. Esto es lógico pero a veces la lógica no se quiere ver ni entender en el caso de lo económico porque las partes solo piensan ignorantemente en su supuesto beneficio y condición de bienestar tratando ficticiamente de ignorar que todo depende de todo tanto en la naturaleza como en la sociedad.

En el universo la voluntad del hombre no puede ir nunca en contra de la voluntad o las leyes universales.

LA ADMINISTRACIÓN PÚBLICA DEL CAPITAL SOCIAL.

Será el gobierno federal quien administrara a las empresas sociales en forma semejante como si fueran dependencias gubernamentales. De acuerdo a las necesidades básicas de las comunidades y basados en estudios económicos de la creación de empresas, obras de infraestructura económica y obras de servicios sociales, el sector social se coordinara con el gobierno para que sea el gobierno el que con un plan detallado del destino del capital social capte estos recursos y los utilice y administre de forma clara y eficiente.

El funcionamiento óptimo del capital social para beneficio de las comunidades y los individuos depende en gran parte del gobierno nacional ya que este es el encargado de detectar las necesidades, los individuos y las comunidades que requieren la aplicación de este tipo de capital, además de hacer un estudio científico interdisciplinario y económico de la forma en que se deberá utilizar este capital y asegurar su buen funcionamiento y recuperación de capital en los casos en que se trate de inversión social sustentable con capital recuperable y generación de intereses y, en los casos en que se trate de inversión social publica recuperable a determinado plazo.

En cualquier comunidad el gobierno llevara la administración del capital social desde un principio y, se encargara de organizar y dirigir a las empresas sociales como si fueran dependencias o empresas estatales. Esto para producir los efectos de neutralidad y confianza de los inversionistas sociales llamados individuos sociales globales. Esto es fundamental siempre pero mucho más lo es en el periodo de inicio o establecimiento del sistema económico integrado. Con esto se afirma que es responsabilidad total del gobierno la organización, administración y funcionamiento del capital social y de las empresas sociales como una forma de este tipo de capital.

MÉXICO COMO PAÍS CREADOR E INICIADOR DE LA ECONOMÍA INTEGRADA.

Por tener una coyuntura histórico-social especial tiene México dadas las condiciones para la instalación de este tipo de economía en desarrollo. Todos los países en mayor o menor grado una cultura desarrollada que les permite resolver sus problemas sociales de cualquier tipo de que se traten.

En el caso específico de México esta propuesta bien estudiada y planeada de la economía integrada surge de las condiciones históricas de México, de sus problemas y necesidades, de su potencial y capacidad humana y natural para encontrar la solución a su problemática específica. Es este tiempo actual el momento perfecto para el establecimiento de este sistema porque es una opción donde no hay nada que perder y sí mucho o todo por ganar, ya que toda posibilidad merece el beneficio de la duda.

La economía integrada es el producto y resultado del trabajo constante y permanente del estudio de la sociedad mexicana en general y en específico de las comunidades e individuos con más carencias económicas y menos oportunidades de acceso a la movilidad social vertical, es decir al acceso al mejoramiento o bienestar y desarrollo individual y de clase.

La conjunción de todos los factores y acontecimientos más que considerarse errores, fracasos o tropiezos son considerados como experiencias que enriquecen el acervo histórico de las naciones o pueblos y, en este caso de México como pueblo milenario.

Todo ha sido un aprendizaje donde se ha alcanzado la madurez histórica, política, filosófica, ideológica y económica para analizar con el uso de los recursos científicos las condiciones naturales, sociales, ideológicas e integrales de la sociedad mexicana actual para crear un sistema que pueda servir para cualquier sociedad del mundo.

México es como todos los países y naciones una sociedad rica en experiencias y estas experiencias son la base de su conocimiento para explicarlo todo desde una cosmovisión particular que es viable para cualquier pueblo del mundo. Los pueblos son ricos o son pobres si quieren, porque el querer define el poder, en la voluntad de ser y de hacer reside la capacidad de poder actuar, cada pueblo crea y decide su propio destino y el destino de sus individuos, nadie más, México como un país igual que los demás pueblos con experiencias, recursos, necesidades y problemas ha aprendido de los diferentes momentos que ha vivido en la forma de su conciencia colectiva para crear este enfoque explicativo y constructivo que es la economía integrada, en el caso de la economía.

Pero también se ha creado a partir de esta situación y coyuntura histórica todo un enfoque integral que se dará a conocer en una serie de tres obras y que tiene la intención de explicar y hacer las cosas de una manera más integral para obtener mejores resultados en todos los aspectos, en todos los niveles y para todos los individuos y comunidades.

Las ideas y cosas buenas no son patrimonio de nadie particular sino de las conciencias colectivas, los individuos o los grupos pueden ser el medio o instrumento de creación o de difusión de ideas creativas y progresistas, pero solo son válidas y cobran vida y forma cuando tienen validez y uso por las colectividades.

Ningún país ni ningún individuo es más o menos que otros, ni inferior ni superior porque todos son iguales en capacidad para ser y hacer y, diferentes en la forma de concretar estas soluciones o formas de vida. Pero llega un momento que existen coincidencias y consensos para cubrir necesidades y problemas semejantes. Y esto sucede y se da para lograr la concreción de la economía integrada como el resultado del pensamiento colectivo materializado en las ideas de un individuo o de un grupo de individuos.

México es rico como país físico territorialmente pero es igual o más rico como nación por su población y, así cada pueblo es rico en la medida en que se valore así mismo y se sienta capaz e inteligente para enfrentar sus necesidades y problemas y, resolverlos con la fortaleza y confianza de saberse una colectividad que funciona y debe de funcionar como un sistema integrado, organizado y sincronizado en todos sus momentos y en todos sus objetivos comunes y superiores, México ha sido motivo de diferentes sistemas o su puestos sistemas como en el resto del mundo, pasando por los experimentos de modelos, proyectos y planes económicos de los diferentes gobiernos con la influencia principalmente del condicionamiento económico y político de las naciones poderosas y dominantes. Pero de estas circunstancias se ha aprendido y se ha adquirido la confianza necesaria para crear y proponer soluciones factibles para su propia realidad y para las realidades de los demás países del mundo.

MÉXICO COMO POTENCIA EMERGENTE.

México es una potencia en sí, si entendemos que una potencia es la capacidad posible de mostrar o de realizar de alguien. No es una potencia real ni probada sino una potencia latente o en gestión de realizarse y de probarse. Es una potencia emergente porque se está descubriendo a sí mismo y atreviéndose como era en su época milenaria a ser y hacer original en sus ideas y en su forma de ver, entender el mundo, la vida y en su forma de vivir particular sin apartarse con esto de las semejanzas básicas y las inquietudes del ser humano en general como una colectividad.

La experiencia histórica le sirve y le ha servido para darse cuenta de sus capacidades reales y potenciales que tiene que desarrollar y explotar porque de esta forma creara infinidad de nuevas posibilidades de hacer las cosas, de plantearse explicaciones y soluciones a necesidades y situaciones que requieren conocimientos nuevos y aplicaciones inmediatas.

El mundo y la vida es un abanico de oportunidades y posibilidades para crear y México como los demás pueblos del mundo tienen la experiencia necesaria para desarrollar su capacidad de inventiva y creatividad para bien propio y ajeno, tiene todo a favor y nada en contra. Todo el talento y el recurso humado preparado e intelectual de la sabiduría milenaria combinado con el conocimiento moderno de la ciencia para crear este nuevo sistema integrado de la concepción de la economía y las cosas ordenadas, hay naciones más nuevas con menos experiencia histórica ósea con pocos cambios trascendentes en su vida colectiva, en el caso de México esta experiencia sobra para utilizarla en el momento actual.

Si en condiciones menos favorables México ha creado, ¿que será en las mejores condiciones? México tiene todo el presente y el tiempo futuro para realizar su aprendizaje materializado en este sistema económico que no solo es útil para México sino que es el resultado de su esfuerzo y necesidad para poder ser aplicado en todos los países para beneficio de la sociedad global sin ningún sentimiento de ego solo como un recurso de total validez para el crecimiento y desarrollo de todos los pueblos del mundo y en beneficio general del orden natural del universo de acuerdo al trabajo científico interdisciplinario.

Dentro de cada país y en este caso de México existen todos los elementos que le permiten lograr sus metas y aspiraciones. En el caso concreto de México se tiene la preparación académica, la vocación de utilidad y la capacidad de inventiva y creatividad del ingenio mexicano para adaptarse a cualquier situación por difícil que parezca, pero la diferencia ahora con este nuevo sistema económico integrado es que ya no es una adaptación a las condiciones de vida que se presentan o que han dejado otras generaciones, sino que es la creación de todo un sistema integral para explicar y transformarlo todo a partir de las experiencias como pueblo y como género humano.

El famoso ingenio mexicano actual y tradicional se combina con la capacidad artística y creadora milenaria como un todo integrado de una cosmovisión que se aplica a cada una de las áreas de la vida humana para permitirle la oportunidad de seguir su evolución. La inmensa cantidad de situaciones, necesidades, condiciones, dificultades y problemas que se presentan actualmente para los mexicanos y para todos los países del mundo son la fuente de datos y la motivación para encontrar esta nueva solución global.

La conciencia de las verdaderas causas de todos los problemas entendidos por los intelectuales y académicos no gubernamentales que no se aferran a criticar al gobierno ni a ninguna parte sino a estudiar la situación y a encontrar soluciones integrales es la verdad de la existencia del enfoque de la economía integrada.

Los problemas y necesidades parecen interminables y que uno va desencadenando otros más cada día, y que si se soluciona un problema como dice la sabiduría popular se tapa una parte y se destapa otra parte. Porque no había existido un estudio interdisciplinario integral para analizar la situación como un todo articulado donde cada parte tiene que ver con todas las demás partes.

En este sentido la visión de la economía integrada forma parte no tan solo de un mero cambio económico sino de todo un cambio en todos los aspectos de la vida humana tal y como se le conoce en la actualidad. El pueblo y la cultura mexicana es el resultado de la síntesis de los pueblos y de las culturas del mundo y por ello en su forma de vida están presenta es todos los aspectos de la condición humana, todos sus atributos, todas sus inquietudes, todas sus necesidades. Pero principalmente la capacidad para considerarse a sí mismo como un pueblo poderoso para enfrentar sus problemas y resolverlos.

IMPORTANCIA DE LA CIENCIA Y LA TECNOLOGÍA.

La evolución y mejoramiento social no se entiende sin la actividad científica y tecnológica. La ciencia es el producto de la inquietud natural del hombre por entender y explicarse todos los porqués de los fenómenos naturales y sociales de una manera ordenada y comprobada tangiblemente que da como resultado todo un método o proceso e genera una afirmación precisa en la forma de la ley científica con los pormenores de las condiciones en que se realizó determinado fenómeno. Es por esta razón que su aplicación explica de manera definitiva pero no exenta de complementarse con otras leyes de otros fenómenos a todas las situaciones existentes.

El origen de la evolución y el desarrollo del género humano se debe al trabajo de los científicos que han permitido el desarrollo progresivo de todos los conocimientos primero para explicarse las cosas, después para tener una explicación general del todo organizado y que esto permita un modo de vida y la creación de los instrumentos para satisfacer todas las necesidades colectivas.

La ciencia es el trabajo de la inquietud, curiosidad, esfuerzo, talento, creatividad e inventiva de individuos universales que sienten el compromiso de usar su intelecto para mejorar en algo, aunque sea mínimamente primero la forma de explicar todas las cosas existentes y también de que a partir de estas explicaciones se puedan crear formas físicas para solucionar situaciones y aquí aparece la tecnología.

Los científicos tienen un papel fundamental en el desarrollo de la humanidad de manera desinteresada económicamente porque los beneficios o resultados económicos de sus trabajos muchas veces no son inmediatos y cuando se dan estando vivos los científicos los utilizan para seguir realizando más trabajo científico, los científicos son verdaderos héroes de la humanidad porque su trabajo sacrificado en cuanto a tiempo y esfuerzo está dirigido al engrandecimiento del conocimiento humano pero este trabajo está en una dimensión desconocida e inimaginable para el resto de los individuos comunes, que es la inmensa satisfacción de aprovechar al máximo la vida para investigar y explicar las cosas en base a la observación de la naturaleza y del universo.

Lejos de la mentalidad y deseos comunes de los individuos apasionados por las comodidades y las frivolidades pasajeras los científicos son los verdaderos creadores de la riqueza social y, que sin embargo no se apasionan con esta ni participan de su reparto.

A partir de la ciencia se crea la tecnología y, son los tecnólogos o desarrolladores de la tecnología igual de importantes que los científicos en el progreso y desarrollo de la sociedad y la humanidad. Los tecnólogos son los responsables por voluntad propia y por auto obligación de aplicar los conocimientos o la información de la ciencia, las leyes científicas y sus principios en forma física a instrumentos físicos para realizar actividades humanas para el propio beneficio de la humanidad y para beneficio de la naturaleza, aunque está en realidad no necesita nada del hombre sino que solo no la altere ni la deteriore.

Los tecnólogos de todas las épocas y todos los rincones del planeta han cambiado con su capacidad para crear soluciones ante necesidades y problemas, la manera de hacer las cosas de forma más eficiente y haciendo un mejor uso de los recursos naturales y humanos. Es la tecnología la encargada de crear las formas físicas para realizar las funciones humanas de una manera más fácil en beneficio de las comunidades que solo ven el aspecto práctico de la tecnología en sus vidas como una obligación de otros hacia ellos muchas veces sin valorar el gran esfuerzo y auto compromiso de los tecnólogos.

Es vital para el desarrollo de un país el que desarrolle su propio trabajo científico y tecnológico de acuerdo a sus condiciones y necesidades específicas y, tomando en cuenta al trabajo científico y tecnológico global la ciencia requiere de un trabajo constante y lento que sin embargo es consolidado y queda permanentemente como parte del acervo científico global a través de las diferentes disciplinas y especialidades cada vez más detalladas y, en este trabajo permanente es importantísimo que cada país realice su trabajo en las ramas científicas en las cuales tengan ventajas y avances importantes.

El trabajo científico y tecnológico ordenado en el sistema integrado será una ventaja diferente y nunca antes experimentada, porque este trabajo principalmente el de la ciencia siempre es determinante para todo lo que ocurra en la sociedad pero para que se efectué de una forma unificada con mayor profundidad y mayor alcance de su nivel de explicación para el todo universal requiere de un consenso permanente de los científicos y tecnólogos que se da en el sistema integrado si la ciencia y la tecnología de por si son efectivas y contundentes en su apreciación del universo, en su trabajo y en sus resultados porque sus integrantes movidos por su inmenso compromiso con la vida y con los propios adelantos de comunicación actuales, se coordinan perfectamente para ir avanzando firmemente en sus logros, ahora pensemos en que si las cosas se hacen bien de por si entre los científicos y los tecnólogos que mejor se pueden hacer dentro del sistema integrado donde todo y a partir de la concepción y el trabajo científico y tecnológico se vinculan todas las cosas y áreas de la vida humana.

LOS LÍMITES DEL SISTEMA ECONÓMICO ACTUAL

La economía actual bajo el mismo sistema modificado de varios siglos ya agoto sus variables y alcanzo sus metas y beneficios. Ya solo se modifica el aspecto tecnológico y los propietarios del capital, solo las formas de esa parte, porque las demás partes y formas se mantienen sin cambios, el fondo sigue siendo el mismo y la organización que lo rige se mantiene sin permitir variante todo tiene una razón de ser y de existir y, todo tiene un límite y una temporalidad.

El sistema económico actual trátese de cual se trate capitalismo, socialismo o economía mixta han tenido al menos para los individuos o los grupos que los idearon fines o propósitos específicos que se han cumplido para beneficio de sus creadores y no así para toda la sociedad.

No es el caso del propósito de la economía integrada que desde su origen y propósito está enfocada al desarrollo y bienestar general e igualitario de todos los individuos de todas las comunidades, sin estar exenta de modificarse.

La economía actual en cualquiera de sus formas han alcanzado sus límites de sus límites y capacidades para lo cual fueron ideados en un determinado periodo y solamente para las condiciones específicas de ese determinado periodo. Cualquier proyecto, plan, modelo, método o sistema solo son útiles y válidas para determinadas y especificas condiciones, cuando estas condiciones cambian las soluciones y propuestas deben de cambiarse sino ya no son funcionales u operativas y se vuelven caducas, así sucede con todo lo que el hombre crea, a todo conjunto o sistema de ideas ideado por el hombre aunque haya sido eficiente y funcional para una determinada época y lugar sea especifico o general.

Cada cosa sirve para algo específico y lo creado por el hombre solo sirve para ciertas condiciones específicas. Cada sistema histórico creado y desarrollado por la sociedad humana ya ha cumplido su función específica para la cual fue hecha. En el caso del capitalismo fue ideado para el desarrollo y predominio de la clase capitalista como grupo hegemónico representante de la intelectualidad y el progreso social, como el grupo esforzado que enarbola los principios del idealismo, del humanismo y del liberalismo en todas sus facetas para el bienestar y desarrollo de la sociedad en su conjunto y de la posibilidad de la movilidad social verticales decir del cambio de una clase social a una clase superior. Pero esto es válido solo para la totalidad de los individuos de la clase capitalista y en menor grado para los individuos de las clases media y baja que logran por sus talentos intelectuales principalmente ser parte de este grupo elitista porque sirve a sus intereses económicos.

Pero como con el transcurrir del tiempo los capitalistas quieren tener la mayor parte en el reparto de la riqueza social, esta situación de egoísmo y desacuerdo entre la misma clase capitalista ya sea nacional o internacional ha provocado crisis al interior de las naciones ocurriendo conflictos que han llegado hasta las guerras armadas.

Y esta situación de ambición y desacuerdos entre la clase capitalista más que cualquier otra inventada ha provocado. Nada es para siempre entre la cultura que produce el hombre ya sea material o inmaterial; las ideas por muy efectivas que parezcan para una época determinada solo tienen validez relativa y temporal, a veces sin validez o utilidad global.

Los sistemas anteriores fueron creados por individuos específicos de grupos específicos con intereses específicos y en condiciones específicas, no tomaron en cuenta el consenso de la colectividad, no nacieron de un consenso colectivo sino de la imposición de un grupo determinado con intereses de grupo sobre la colectividad y no para la colectividad.

Con estas circunstancias esta por demás pensar que podían tener permanencia por si mismos más allá de la imposición por la que fueron establecidos en la sociedad humana y, aquí también se entiende la semejanza de intereses de grupo a nivel global que por sobre las diferencias culturales es lo que determina la homologación de sistemas dominantes entre las naciones, es decir que para hacer valer sus intereses los grupos dominantes no se fijan de ninguna otra diferencia más que el interés común de grupo dominante de imponer su dominio económico para conservar y reproducir sus condiciones dominantes entre la sociedad y seguir acumulando capital a partir del acaparamiento de la riqueza social en la desigual repartición de esta riqueza.

Son muchos las justificaciones de estos grupos para darle. Validez a su sistema, principal y generalmente anteponiendo según ellos el bienestar y desarrollo de la sociedad a través de la actividad individual, del esfuerzo individual. Algo que a todas luces no ha sucedido ni sucede en ninguna sociedad porque no se ha podido encontrar la manera de tener un todo integrado para el beneficio individual y social.

Cuando se tiene libertad no se tiene desarrollo o bienestar general como en el caso del capitalismo y, cuando se tiene reparto de la riqueza social no se tiene libertad como en el socialismo; por lo tanto los sistemas anteriores al sistema económico integrado nacieron incompletos y sentenciados al fracaso en cuanto al bienestar y desarrollo integral de la sociedad. Sus aportaciones específicas y parciales son innegables pero sus logros sociales son cuestionables desde una posición moderada e inexistente desde una posición radical.

PERSPECTIVAS A CORTO, MEDIANO Y LARGO PLAZO DEL INTEGRACIONISMO.

A corto plazo el sistema integracionista crea y organiza al sector social a partir de los individuos económicamente integrados. Se difunde el sistema económico integrado por parte del gobierno nacional y de los organismos no gubernamentales que no pertenecen únicamente a la clase rica o intelectual y de ahí con el conocimiento de todo el sistema y sus partes se inicia la formación de los individuos sociales globales. El paso fundamental del cual depende todo el establecimiento del sistema económico integrado. Informar y convencer a los individuos comunes de los beneficios de convertirse y ser individuos sociales globales es la prioridad del trabajo inmediato porque estos individuos son la base y la célula del sistema económico integrado.

Cuando ya se ha formado el grupo de individuos sociales globales con la participación del gobierno nacional se planean los destinos de la inversión o del capital social que serán las empresas sociales, los fondos sociales o la inversión social publica, la inversión social autosustentable y las donaciones sociales públicas, cuando se ha dado a conocer la importancia y función del sector social en la actividad económica local y global y, las formas de su participación por medio de los tipos del capital o inversión social, se estudia por parte del gobierno nacional las necesidades prioritarias básicas en común de la comunidad que beneficie al mayor número de individuos a nivel nacional y global, para después planear los proyectos que se deberán desarrollar con el capital social para lograr los beneficios generales de las comunidades en cuanto a sus necesidades básicas.

El sector social organiza la forma de sus aportaciones o fondos sociales y da a conocer al gobierno nacional la capacidad económica del sector social para contrastar demanda de capital con oferta del capital social para la producción de satisfactores básicos sea infraestructura, servicios públicos, bienes y servicios o apoyo crediticio a individuos o iniciativa privada. Se realizan las inversiones en las áreas o necesidades detectadas por el gobierno nacional y, este se encarga de establecer las bases jurídicas para el reconocimiento del sector social y de su participación económica al igual que sus funciones y garantizar la recuperación del capital social cuando se trate de una inversión recuperable como es el caso de la inversión social publica o de la inversión social autosustentable.

El gobierno solicita al sector social su capital social y mediante un documento de recepción es entregado de parte del sector social al gobierno nacional especificando todas las características y condiciones de la entrega establecidas para tal efecto en un marco legal internacional para el sector social. Ya realizada la inversión, es el gobierno el encargado del uso, funcionamiento, control, administración, supervisión y aprovechamiento de las obras y beneficios creados con el capital social del sector social.

Cuando ya está activo en la economía el capital social se empieza a ver el cambio inmediato en la generación de trabajo, de ingresos para los individuos, que son gastados en las empresas privadas y finalmente van a los bancos y regresan al gobierno en la forma de los diferentes impuestos y cuotas económicas y, se enriquece el ciclo económico nacional, creciendo en proporción cada vez mayor.

Todo esto sucederá de manera gradual en la sociedad y al irse viendo los beneficios y cambios favorables para los individuos más necesitados y la población en general en el aspecto económico y en el mejoramiento general del nivel de vida, la satisfacción, paz y seguridad pública y social la población se ira convenciendo de su utilidad y se irán sumando a participar como parte del sector social principalmente o como parte aceptadora al menos de este nuevo y útil sistema económico.

Me refiero por sistema actual a cualquiera que esté vigente en cualquier nación o región del mundo, ya que para mí tienen el mismo efecto y el mismo propósito real no declarado pero evidentemente que ha sido para beneficio exclusivamente del grupo dominante de que se trate en cada caso ya sea capitalismo o socialismo. Siendo lo más objetivo o neutro que el rigor científico social exige puedo decir que todo sistema económico es útil hasta cierto punto en la medida en que la propia sociedad lo acepta o se deja que lo imponga un determinado grupo, porque a causa de las necesidades como dice el humanismo los individuos aceptan o se dejan imponer condiciones y términos. En esta

91

situación tanto es responsable el grupo que impone determinado sistema económico como también la sociedad en pleno que la acepta por su carencia económica o por su pasividad o conformismo para crear o proponer algo propio o diferente.

Por lo cual en la situación actual todos hemos tenido y tenemos responsabilidad económica y socialmente hablando y lo importante es la solución que representa el sistema económico integrado que contempla todos los aspectos positivos de los sistemas que han existido conjuntándose coordinadamente para lograr el bienestar y desarrollo general de todos los individuos de todas las comunidades del mundo.

EL CAMBIO ECONÓMICO COMO ORIGEN DEL CAMBIO SOCIAL.

Esta obra que es una explicación simple de la economía y del sistema económico integrado tiene el objetivo de dar como dice el determinismo económico del materialismo social la comprobación o evidencia de que al darse el cambio económico en la vida cotidiana de los individuos y en la sociedad en general por medio de la generación de empleos, y de empleos mejor remunerados con salarios con mayor capacidad adquisitiva, satisfacción de las necesidades básicas primero y, casi inmediatamente los beneficios evidentes en la comunidad en los servicios públicos, en la infraestructura económica y social, es decir en el aspecto meramente material; los individuos experimentaran el bienestar y por consiguiente vendrá como consecuencia natural el cambio social o inmaterial en todos los demás aspectos de la sociedad y la cultura como el desarrollo de la ciencia, el arte, la tecnología, la educación, la cultura como indicadores del bienestar social dentro de los cuales son necesarios la seguridad y la paz social.

Al existir trabajo para todos y trabajo bien remunerado, finanzas nacionales sanas y equilibradas habrá un ambiente limpio social y naturalmente hablando y no habrá lugar ni explicación para la delincuencia como consecuencias de carencias y problemas sociales, sino por la compleja naturaleza humana en forma mínima que igual será atendida, controlada y/o erradicada de toda comunidad.

Esto parece una utopía pero no lo es en tanto que la propia sociedad organizada transite de la teoría al sistema, de la letra al hecho o la práctica. De nadie más depende que la teoría se haga sistema que de la propia comunidad organizada o viceversa de nadie más depende que no se haga realidad y quede en pura teoría que de la comunidad desorganizada.

El determinismo económico le da prioridad al aspecto económico o material sobre el aspecto ideológico, intelectual o inmaterial, este es el caso del propósito de esta serie integral que estoy presentando, empiezo por el aspecto material porque el pueblo o la comunidad solo se convencerá de la utilidad de la economía integrada a partir de que sus necesidades económicas sean satisfechas, cuando vean los resultados objetivos creerán en el sistema y de ahí se espera que se den los cambios sociales o inmateriales, necesarios para apuntalar y consolidad a la economía integrada.

Los pueblos con carencias económicas no quieren escuchar sino ver resultados aunque de en esos resultados más tarde cuando ya estén convencidos de la economía sabrán que también es mucho muy importante su participación. Pero de principio el trabajo del gobierno y de otros grupos será el que deberá materializarse en beneficios concretos para los más necesitados.

Con el pueblo no se puede pedir más que ofrecerle la forma sencilla y practica de mejorar sus condiciones económicas y en general su nivel de vida, no se le puede pedir más porque ya no cree ahora lo que necesita es tener la ayuda real y no condicionada o regalada como a una parte inútil incapaz de valerse por sí misma, esta será una ayuda inicial para despertar su autoestima y autovaloración que le permita desarrollar sus capacidades integrales limitadas anteriormente por el condicionamiento y limitación de sus propias necesidades, cuando el pueblo vea y sienta el cambio real en sus vidas en sus condiciones económicas mejorara su percepción de la vida y de la sociedad y, dejara atrás sentimientos de inconformidad y venganza social y, se integrará con una nueva actitud a una nueva colectividad más identificada entre sí.

En otra situación y para otro tipo de situación, de propósito o de individuos tal ves lo indicado y correcto sería primero empezar por un cambio ideológico o social pero considerando que el propósito primordial que he señalado es el bienestar y desarrollo general de toda la comunidad global, y ahí los individuos y comunidades marginadas son la prioridad con sus circunstancias. Y las circunstancias y características de estos individuos y comunidades son la satisfacción de sus necesidades materiales o económicas y, la convicción de que solo viendo lo practico en su vida cambiaran su mentalidad hacia la sociedad.

Es este el motivo de la presente obra donde expongo de manera clara y sencilla en su forma y donde lo más importante es entender el contenido o la idea al alcance de todos para ser conocida, analizada y aceptada. Todo sucederá a su tiempo exacto y natural, sucesivamente la formación de los individuos sociales globales provocara la formación del sector social y, vendrán los cambios económicos tan necesarios y anhelados por las clases más necesitadas y por los visionarios de un mundo más justo, igualitario y participativo. Donde las cosas puedan ser posibles en la medida en que los individuos se sientan parte importante e incluyente de una sociedad global donde existen los recursos para todos y el desarrollo es entonces responsabilidad de ejercer ese apoyo social por parte de cada individuo.

LOS PROBLEMAS ESTRUCTURALES MACROECONÓMICOS ACTUALES COMO OPORTUNIDAD DE CRECIMIENTO, DESARROLLO Y ESTABILIDAD.

Para un economista a través de la macroeconomía se explica la relación del gobierno con las empresas y con los consumidores para fijar las condiciones de vida de una determinada nación. Pero para el pueblo en general el estado de la economía se mide directamente por las condiciones de vida del pueblo, por lo que le alcanza para comprar día a día. Y en este caso debo de explicar que la macroeconomía solo es útil en la medida en que estudia la economía nacional para mejorarla. Y esta en realidad es y debe ser la verdadera función y utilidad de la macroeconomía.

En cuanto a los problemas estructurales de la macroeconomía me refiero a la situación en la cual y por la cual los recursos públicos de una nación en sus relaciones con las demás naciones no son capaces de brindar o llevar bienestar a la propia nación. Lo estructural se refiere a lo que es parte natural en este caso de la macroeconomía del actual sistema, y para motivos de esta explicación y según el propio sistema actual los problemas estructurales se refieren a las dificultades para que los recursos públicos sean suficientes para satisfacer todas las necesidades básicas de toda la nación, es decir que la oferta y la demanda de recursos sea suficiente y equilibrada en relación a que no exista endeudamiento publico interno pero principalmente externo en los recursos o finanzas nacionales para que estén sanas y puedan aplicarse de manera eficiente en la demanda social.

Y sin embargo esta condición natural y estructural del sistema actual no es definitoria ni limitante para que no se dé la oportunidad de sanarse y aquí surge la economía integrada. Los problemas de desajustes nacionales no son parte de la economía integrada ya que en esta el gobierno hace un estudio, planeación y desarrollo científico interdisciplinario de la economía.

Por esta razón no hay problemas macroeconómicos al interior del país porque el gobierno estudia y controla todos los factores de oferta, demanda e intercambio entre los agentes económicos, porque tiene la autoridad, capacidad y control sobre estos y en su conjunto como responsable de la economía nacional y de las relaciones de intercambio con las demás naciones.

Esto si es posible con la economía integrada que se basa en el estudio y control científico de la economía, donde todas las variable s posibles están estudiadas y controladas por el gobierno. Esta es la forma de más responsabilidad compartida para el crecimiento, desarrollo y bienestar de la sociedad, de mayor participación igualitaria de todos los individuos de la sociedad.

Hay otra forma donde el gobierno puede administrar y controlar la economía y obtener el bienestar social pero en esa forma solo participa el gobierno y, los economistas del gobierno e independientes lo saben, pero no tiene los alcances de inclusión y participación que puede lograr la economía integrada.

LA ECONOMÍA HUMANISTA.

El humanismo en general se basa en el carácter sensible del género humano que requiere libertad, expresión, uso de la razón, satisfacción de sus necesidades para auto realizarse. La economía integrada está basada de las necesidades del hombre como ser social y ser económico que necesita, busca y crea sus satisfactores a partir de condiciones necesarias para su desarrollo como individuo con condiciones semejantes a sus coterráneos y, como integrante de la colectividad social.

La economía integrada desde su formación y realización práctica en los bienes y servicios a la sociedad considera el carácter libre y creador del individuo y su necesidad de convivencia y participación social de tal forma que viva en armonía y tolerancia para que se sienta en plenitud y satisfacción individual y colectivamente. El solo concepto de ser humano se refiere a demostrar la calidad del humano, la sensibilidad que lo caracteriza como especie a través de actos superiores en inteligencia hacia sí mismo, hacia la naturaleza y hacia sus congéneres.

Esta economía en su mismo propósito implica su carácter humanista, el bienestar y desarrollo pleno de todos los individuos de todas las comunidades en un ambiente de armonía social y, no el interés, bienestar y desarrollo de un grupo social determinado solamente excluyendo de estos beneficios a todos los demás individuos de los demás grupos sociales que son la mayoría de la población de las comunidades.

El calificativo de humano distingue o debe distinguir al hombre de las demás especies en un sentido superioridad de responsabilidad común y de solidaridad con todo lo demás. Esta característica es distintiva y lo debe de ser de manera natural e inherente de todo individuo pero para que se manifieste plenamente se debe de garantizar por la sociedad por medio de la satisfacción de sus condiciones y necesidades.

LA CIENCIA HISTÓRICA COMO RECURSO DE ANÁLISIS ECONÓMICO.

Los individuos con un grado de inteligencia que nos permite tener memoria y guardar experiencias e información sabemos que lo vivido nos permite planear y controlar nuestra actuación presente y futura. Para los individuos y más para las colectividades organizadas la ciencia histórica es y debe ser un recurso de utilidad para tener el aprendizaje y el conocimiento para saber lo que se quiere y lograrlo de una forma segura.

La ciencia histórica estudia las condiciones en que se desarrollan los acontecimientos únicos de la sociedad humana y, este conocimiento permite aprender y no cometer los mismos errores del pasado. Este conocimiento cuando no lo tiene presente la generación actual en su cotidianeidad, lo deben rescatar y utilizar los estudiosos al servicio de la sociedad sean independientes o del gobierno para la elaboración de los planes y programas de desarrollo social.

La humanidad en su milenaria evolución como sociedad tiene la experiencia histórica bien analizada para que pueda servir de referencia de la actividad social en cualquier región del mundo. Sabemos que las necesidades humanas son comunes y por lo tanto los problemas también y, las experiencias históricas de un pueblo no solo le sirven al propio pueblo que las vivió para controlar y mejorar su desempeño presente y futuro sino también a los demás pueblos del mundo.

Quiere decir que los pueblos tienen la solución o al menos la información necesaria en la ciencia histórica para resolver sus problemas en general. La humanidad en su conjunto como máxima organización social ha vivido experiencias únicas que han marcado épocas y aprendizajes significativos para todos los individuos tanto de los de esa época como a todos los de las épocas posteriores.

Ósea que todo el tiempo las sociedades y los gobiernos al menos los de los tiempos modernos han tenido el conocimiento histórico para aplicarlo al funcionamiento óptimo de la colectividad y, ¿porque no lo han hecho? como dicen los literatos y la cultura popular también, esa es otra historia.

Las razones y justificaciones pero para el hombre más estudiado de la vida social, el anciano sabio y el hombre con sentido común, no hay excusas solo motivos o explicaciones particulares y partidistas. En el caso de la economía, han existido bien conocidos sistemas, modelos, planes y proyectos a nivel global y a nivel regional y nacional que han funcionado o que no han funcionado para el propósito para el que fueron pensados, pero independientemente de su efectividad han servido para aprender de esto a considerar los factores y las condiciones que inciden en una determinada coyuntura histórica y, de esta situación aprender a considerar o reconsiderar aspectos para superar estas coyunturas.

Es entendible el olvido natural de la población de su historia por el cambio generacional pero nunca es entendible ni justificable el olvido y menos el desuso de la experiencia o de la información de la ciencia histórica en la vida de una nación. La ciencia histórica no solo tiene el carácter de estudio o análisis sino también de aplicación a la realidad actual para seguir contrastando y generando conocimiento.

LA OPORTUNIDAD HISTÓRICA DE MÉXICO.

Es el momento y la oportunidad histórica de México para desarrollarse y contribuir directa y solidariamente con el desarrollo de la sociedad y la cultura global. Las condiciones están puestas para que por medio de la economía integrada como una aportación de México a la comunidad global no solo se evidencie el deseo altruista de la participación colectiva de México a la comunidad global, sino su irrenunciable capacidad para enfrentar y transformar su vida en mejores condiciones y ambientes de convivencia.

En todo momento la vida es una oportunidad de ser y hacer y, solo se necesita ser y estar para hacer, no más. Ningún individuo ni sociedad esta exento de problemas de todos los tipos, en todos los aspectos aunque con diferentes matices o características. Todos tenemos los mismos problemas como individuos y como sociedades, algunos con más aspectos más marcados en ciertos problemas, pero todos necesitamos de los mismos satisfactores y tenemos las mismas inquietudes, por esta razón todos tenemos las mismas oportunidades mientras vivamos de conocer y resolver nuestras necesidades y problemas.

Todo pueblo en teoría tiene las mismas oportunidades y responsabilidades para resolver su modo de vida, para crear soluciones a sus problemas específicos por el solo y grandioso hecho de existir. Y con la humildad necesaria y el carácter neutral de la ciencia en este momento histórico donde los problemas parece que no tienen solución ni lógica alguna y, donde la causa de estos problemas se pierde en el laberinto de la complejidad de la vida social global, surge la economía integrada como parte de todo un cambio integral de la vida organizada tal y como la conocemos.

¡Bienvenido el cambio!

www.ingramcontent.com/pod-product-compliance
Lightning Source LLC
Chambersburg PA
CBHW081008170526

45158CB00010B/2967